液态阳光

甲醇燃料的产业应用

名誉主编 李 灿
主 编 许桂宝 冯向法
副主编 钱奕舟 杨 瑞 荣国强 张 恺
主 审 翁一武 李永正

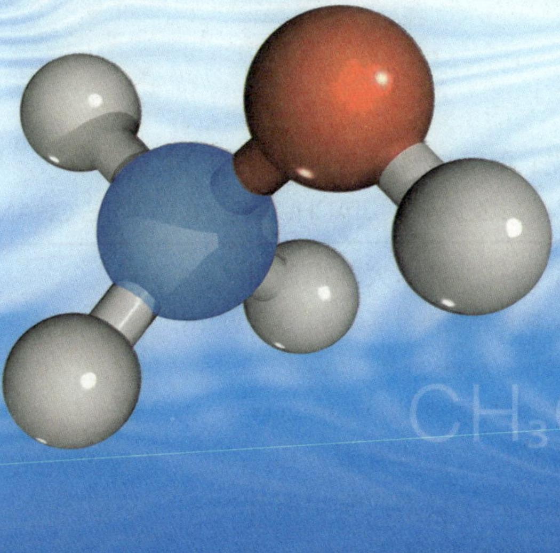

中国科学技术大学出版社

内 容 简 介

本书通过追本溯源的方式介绍了甲醇的由来、性质、用途和优势，以彰显甲醇经济的真谛；通过建言献策、应用推广、政策法规、标准规范与协会典范，阐述了我国在做大做强甲醇燃料产业的大道上砥砺前行的发展历程；总结了我国液态阳光甲醇燃料产业以技术为大，在甲醇燃料制备工艺、甲醇燃料电池、动力和热力燃烧领域结下的累累硕果；展现了液态阳光技术、液态阳光示范和液态阳光经济发展概况，并就甲醇燃料推广应用中面临的困难和问题提出了创新发展液态阳光经济的对策与建议。

本书适合液态阳光甲醇燃料行业从业者，政府相关部门管理者，关心、关注我国能源革命进程的高等院校师生和社会公众阅读。

图书在版编目(CIP)数据

液态阳光 ：甲醇燃料的产业应用 / 许桂宝，冯向法主编. -- 合肥 ：中国科学技术大学出版社，2025.5. -- ISBN 978-7-312-06256-8

Ⅰ. TQ517.4

中国国家版本馆 CIP 数据核字第 20255JR797 号

液态阳光：甲醇燃料的产业应用

YETAI YANGGUANG：JIACHUN RANLIAO DE CHANYE YINGYONG

出版 中国科学技术大学出版社
安徽省合肥市金寨路 96 号，230026
http://press.ustc.edu.cn
https://zgkxjsdxcbs.tmall.com

印刷 安徽国文彩印有限公司

发行 中国科学技术大学出版社

开本 787 mm×1092 mm 1/16

印张 9.25

字数 225 千

版次 2025 年 5 月第 1 版

印次 2025 年 5 月第 1 次印刷

定价 68.00 元

编　委　会

陈　弢　上海市中国工程院院士咨询与学术活动中心战略咨询部副部长、工程师
韩　芳　中国农村能源行业协会新型液体燃料及燃具专业委员会秘书长、高级工程师
侯大庆　全国醇醚燃料标准化技术委员会委员
　　　　山西省检验检测中心质检所副所长、高级工程师
雷　伟　中国船级社武汉规范研究所高级工程师
李　坤　交通运输部水运科学研究院副研究员
李　乔　安徽云谷创业投资管理有限公司总经理
李晓红　中国科学技术大学(中国科学院大连化学物理研究所联合培养)博士研究生
刘传亮　国家电投集团能源科学技术研究院风电技术中心主任、教授级高级工程师
刘利军　中船动力研究院有限公司总经理、党总支副书记、高级工程师
刘生全　长安大学教授
宁澜淇　中国科学院大连化学物理研究所博士研究生
邱鲁燕　上海市中国工程院院士咨询与学术活动中心战略咨询部部长、高级工程师
邵弯弯　上海市中国工程院院士咨询与学术活动中心战略咨询部工程师
孙　显　安庆中船柴油机有限公司副总经理、高级工程师
唐　珊　中国科学院大连化学物理研究所博士研究生
王集杰　中国科学院大连化学物理研究所研究员
王书琦　中国石油大学(北京)(中国科学院大连化学物理研究所联合培养)博士研究生
熊　平　安徽省甲醇燃料行业协会办公室主任、工程师
许谙诣　合肥淡宁项目管理咨询有限公司总经理
姚安仁　天津大学内燃机燃烧学国家重点实验室副研究员
张超巍　中国科学院大连化学物理研究所硕士研究生
张守军　合肥德博生物能源科技有限公司董事长、高级工程师
张臻郁　兰卡斯特大学硕士研究生
赵　凯　全球甲醇行业协会中国区首席代表
郑　珉　中国科学院大连化学物理研究所工程师
周柏意　安徽省甲醇燃料行业协会副会长
　　　　合肥中科威能安全技术有限公司总工程师、高级工程师

主　审

翁一武　上海交通大学能源研究院副院长、长聘教授
　　　　上海市能源研究会秘书长
李永正　江苏科技大学结构力学实验室主任、教授

序　一

党的二十大报告提出："尊重自然、顺应自然、保护自然，是全面建设社会主义现代化国家的内在要求。必须牢固树立和践行绿水青山就是金山银山的理念，站在人与自然和谐共生的高度谋划发展。"2021年9月，中共中央、国务院出台《关于完整准确全面贯彻新发展理念做好碳达峰碳中和工作的意见》，提出到2025年，我国非化石能源消费比重达到20%左右，到2030年达到25%左右。这要求我们必须加快绿色清洁能源研究、开发、布局和建设的步伐。随着能源转型进程进一步加快，发展绿色能源已成为重要趋势，目前我国正在积极探索绿氢、甲醇、氨能等替代石化能源的新方式、新途径。甲醇作为含氧燃料，燃烧高效、排放清洁，通过合成将二氧化碳资源加以利用，具备了可再生的特点，具有生产来源广泛、经济体量巨大、全产业链可持续发展等优势。2023年在杭州举办的第19届亚运会开幕式上，主火炬塔首次使用废碳再生的"绿色甲醇"为燃料，体现了绿色环保理念，得到国际奥委会和其他国际体育组织的认可与支持。绿色甲醇的推广有望成为我国推动"双碳"目标实现的重要途径。

要实现我国向世界承诺的"双碳"目标，关键在于科技的普及和人才的培养。党的二十大报告将科普作为提高全社会文明程度的重要举措，强调"加强国家科普能力建设"。习近平总书记指出："科技创新、科学普及是实现创新发展的两翼，要把科学普及放在与科技创新同等重要的位置。”加强科学普及对于提高全民科学素质和培养科技创新人才意义重大，在绿色新能源领域尤为重要。

本书是由一批具有理论素养和实践经验的专家学者与企业家编撰的科普宣传读物，是编撰者贯彻落实党的二十大精神的生动实践，是推进科普能力建设的具体行动。本书深入浅出，图文并茂，全景式地展示了甲醇燃料的“前世今生”，提出了创新发展液态阳光经济的对策与建议。本书的出版一定会为我国清洁绿色新能源的推广应用和“双碳”目标的实现起到积极作用。

安徽省政协副主席
九三学社安徽省委主委
安徽省科学技术厅原厅长
罗平
2025 年 3 月

序　二

甲醇是最简单的饱和一元醇，无色，有刺激性气味，常温、常压下是液体，密度介于柴油和汽油之间。该大宗化工品正在向燃料的功能转化，这个转化的动力来自人类对能源、环境以及可持续发展的需求。事实上，20 世纪 70 年代爆发了第一次石油危机之后，全球曾在寻求石油的替代品时选中了甲醇。但是，随着石油危机的缓解，甲醇不再被重视。然而，我国因为自身“缺油、少气、相对富煤”的能源资源禀赋，仍在部分地区坚持将甲醇作为燃料发展。改革开放以后，随着我国经济的快速发展，能源的需求量不断增大，1993 年我国开始从一个石油出口国成为了石油净进口国。特别是进入 21 世纪以后，汽车工业的快速发展带动石油的需求量迅速增加，以至于目前的石油进口依存度超过 70%，已远超国际上认定的能源安全线。国家能源安全问题迅速提上了经济社会健康发展的议程。

2012 年，工业和信息化部开展甲醇汽车试点工作。试点起初是山西、陕西和上海这“两省一市”，一年后扩展成有甘肃和贵州参加的“四省一市”。试点的宗旨是考察汽车使用甲醇燃料是否对汽车的动力性、经济性、可靠性、适用性、安全性以及用户和环境存在不良影响。试点在 10 个城市开展，涉及车辆 1024 辆，车型包括乘用车和商用车，试点时间为 5 年，总行驶里程超过亿千米。试点证明，只要在使用中完全遵照科学规范，甲醇不会对汽车、环境和人体造成任何不良影响，完全可以用作车辆燃料。基于此结果，2019 年 3 月，工业和信息化部、国家发展和改革委员会等八部门发布了《关于在部分地区开展甲醇汽车应用的指导意见》。2020 年底，工业和信息化部装备工业发展中心发布《关于调整甲醇汽车产品准入相关要求的通知》。自此，甲醇汽车正式进入应用市场。目前数万辆甲醇汽车已经运行在甲醇生产富余的地区。这些甲醇汽车中，不仅有乘用车，也有商用车，包括公交车和矿用车。应用甲醇的类型有纯甲醇车，也有甲醇增程式电动汽车和甲醇混合动力汽车，甚至还有甲醇重整的燃料电池汽车。用甲醇作汽车燃料正在逐步被全社会接受。与此同时，将甲醇作为燃料不仅在动力装置领域，而且在锅炉、窑炉等工业领域，在烹饪、取暖等民用领域，在农业用大棚以及如烟草等农业产品干燥方面也得到了广泛应用。甲醇作为新兴的清洁燃料在多个领域应用的局面正在形成。

我国的甲醇产业在国家的大力支持下，特别是党的十八大以来，得到快速发展。目前我国的甲醇产能和产量均处于全球首位，占比都超过 50%。我国甲醇生产原料与国际上普遍采用天然气不同，现阶段主要依靠煤炭为原料，煤制甲醇是我国目前甲醇生产的重要特色。因而，积极发展液态阳光甲醇燃料对于缓解过高的石油对外依存度带来的能源紧张压力，以及建立我国自有的能源结构体系，具有重要的积极作用。

近年来，在我国科技人员的努力下，采用二氧化碳和氢气合成生产甲醇的技术得到突破。我国具有丰富的风电、光伏电资源，利用风、光可再生能源产生的电力来制取氢气，然后再与捕集到的二氧化碳或生物质制取的气体合成得到绿色甲醇。这些绿色甲醇自身具有碳中和性质。将绿色甲醇作为燃料应用到动力装置和工农业装置中，对于实现未来的碳达峰以及碳中和会发挥积极和重要的作用。

几十年来，我国科技人员在动力和热力领域应用甲醇燃料开展了大量的研发工作，在点燃式、压燃式发动机上，在工业锅炉、窑炉上，在民用灶具、取暖器上，在农业工程热力装置上，甲醇燃料应用技术已经十分成熟，并处于全球领先的水平。随着全球对温室气体排放控制的措施日益严格，采用绿色甲醇作为燃料正在成为大家的共识。国际航运界已经广泛认同在远洋轮上将绿色甲醇作为燃料，我国政府也将绿色甲醇生产列为优先发展的项目，一个将甲醇作为新兴、清洁、绿色能源应用的局面正在形成。

作为一个新兴的事物，甲醇不仅要在具体领域加以应用，对其进行广泛的科普也特别重要，要让全民都了解甲醇的知识，将应用甲醇视为自觉的行动。本书作为一本科普读物，详细介绍了甲醇的特性、甲醇的生产以及应用，特别是相关的政策和法规，是一本了解甲醇燃料如何应用的很好的参考书。相信本书的出版，一定会对甲醇燃料的推广应用发挥积极的作用。

工业和信息化部甲醇汽车推广应用专家委员会副主任兼秘书长

天津大学内燃机燃烧学国家重点实验室原副主任

天津大学教授、博士生导师

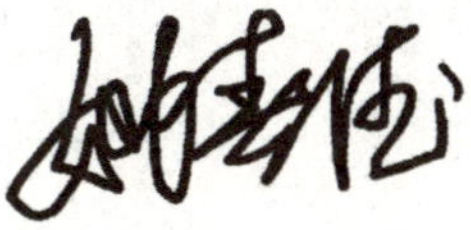

2025年3月

序　三

液态阳光甲醇燃料是一种利用可再生能源生产的绿色燃料，其制备和应用过程中涉及的化学反应和物理过程都需要物理化学的理论支持。本书充分运用物理化学的基本原理来解释液态阳光甲醇燃料的生产原理、性质和应用。

首先，运用物理化学知识帮助读者理解液态阳光甲醇燃料的生产过程。这一过程涉及电解水制氢、二氧化碳加氢合成甲醇等反应，这些反应的动力学和热力学过程都需要物理化学的理论支持。通过物理化学的知识，可以解释反应条件的选择、催化剂的作用机制以及反应效率的提高等方面的内容。

其次，运用物理化学知识帮助读者理解液态阳光甲醇燃料的性质和特点。如液态阳光甲醇燃料的物化性质、燃烧特性以及排放物性质等。通过物理化学的知识，可以解释液态阳光甲醇燃料为何具有清洁、高效、可再生的特点及其在能源领域的应用前景和优势。

最后，运用物理化学知识为液态阳光甲醇燃料的未来发展提供新的思路和方法。随着科技的不断进步，物理化学的新理论和新技术将不断涌现，为液态阳光甲醇燃料的生产和应用提供更多的可能性。通过本书向读者介绍这些新的理论、技术原理和应用，可以激发读者的兴趣并引发其思考，推动液态阳光甲醇燃料的进一步发展。

随着全球能源结构的转型和环保要求的提高，清洁绿色能源成为各国竞相发展的重点领域。通过研究和推广应用液态阳光甲醇燃料技术，可以增强国家的科技竞争力，为未来的能源安全和可持续发展作出贡献。本书不仅可以促进化学知识的普及，推动化学和物理学的发展，而且可以向读者宣传环保理念，使读者能更好地理解环保的重要性和紧迫性，推动社会各界积极参与环保行动。本书比较详细地介绍了甲醇的历史、性质、贮能机理、原料来源、生产工艺、用途、市场潜力和发展前景，以及甲醇、氢、氨与风能、太阳能、生物质能等现代化应用的匹配。本书向读者提出了一些有关液态阳光经济的议题，也为能源的储备、开发和应用提供了一些参阅材料，有思路，有创意，很值得读者进一步思考和探索。

合肥微尺度物质科学国家研究中心主任助理
中国科学技术大学化学物理系教授
周晓国

2025年3月

前　言

早在2008年6月22日，习近平在沙特阿拉伯吉达出席国际能源会议并讲话，指出“燃料乙醇、甲醇、二甲醚以及煤炭液化等替代能源发展前景广阔”。由此，开辟了甲醇燃料作为替代能源的新篇章。

2009年12月26日，全国人大通过的《中华人民共和国可再生能源法》提出，“国家鼓励生产和利用生物液体燃料”。其中提到的“生物液体燃料”是指“利用生物质资源生产的甲醇、乙醇和生物柴油等液体燃料”。由此表明，生产和利用甲醇燃料是国家法律赋予的使命。

2019年3月19日，工业和信息化部、国家发展和改革委员会等八部门发布的《关于在部分地区开展甲醇汽车应用的指导意见》提出，要“大力宣传普及甲醇燃料及汽车知识，增强公众对甲醇燃料安全性、环保性的认识”，由此强调了宣传普及甲醇燃料知识的重要性。

2020年12月21日，国务院新闻办公室发布的《新时代的中国能源发展》白皮书提出，“推进非粮生物液体燃料技术产业化发展”。2021年11月15日，工业和信息化部印发的《“十四五”工业绿色发展规划》提出，“大力发展和推广新能源汽车，促进甲醇汽车等替代燃料汽车推广”。2022年9月28日，工业和信息化部等五部委联合发布的《关于加快内河船舶绿色智能发展的实施意见》提出，“优先发展绿色动力技术”，“推动甲醇、氢等动力技术应用”。由此，我国甲醇燃料正式迈入技术产业化发展的康庄大道，并开始在全国交通领域进行应用推广。

本书作为一本科普宣传读物，旨在厘清业界和社会对甲醇燃料的认识误区，提升公众对甲醇燃料的认知水平，阐明液态阳光的由来和用途，为构建能源多元清洁供给新格局、保障国家能源安全、打赢蓝天保卫战、实现“双碳”目标作出贡献。

谨在此特别感谢安徽省甲醇燃料行业协会、合肥淡宁项目管理咨询有限公司、江苏科技大学、合肥德博电力有限公司、中国科学院大连化学物理研究所、上海市中国工程院院士咨询与学术活动中心对本书出版的大力支持！

2025 年 3 月

目　录

第一章 追本溯源

根据国务院印发的《关于深化物资体制改革的方案》(国发〔1988〕27 号)，我国将物资分为国家指令性计划分配物资、国家合同订购物资、国家组织产需衔接物资、自由购销物资四种进行管理。在各部门管理物资调整目录中，甲醇归属于原材料、燃料部分(195 种)的国家组织产需衔接物资(103 种)。国家组织产需衔接物资主要是专业性强的协作配套物资，由物资部或主管部门组织供需双方协商订购，引导企业建立稳定的协作关系，由物资部管理。

1994 年诺贝尔化学奖得主乔治・A. 奥拉(George A. Olah)，在其 2007 年的著作《跨越油气时代：甲醇经济》(图 1-1)中，围绕全球面临的能源危机，提出了解决能源问题的新概念——“甲醇经济”，其可作为应对油气时代过后能源问题的一个解决途径。奥拉教授认为，通过利用目前还可获得的矿物燃料资源以及对 CO_2 进行加氢还原来生产甲醇是一种切实可行且能方便储存能量的方法。甲醇可以解除人类对正在不断减少的石油和天然气(甚至煤)资源的依赖。

本章通过追本溯源的方式介绍甲醇的由来、性质、用途和优势，以彰显甲醇经济的真谛。

图 1-1 《跨越油气时代：甲醇经济》

第一节　甲醇的由来

甲醇是一种无色、略带酒精味道、水溶性的液体。其作为重要的有机化工基础原料和清洁能源燃料，自 1661 年发现至今已 300 多年。

一、甲醇的诞生

1661 年，被誉为“近代化学奠基人”的英国化学家罗伯特·玻意耳（Robert Boyle，1627—1691），首先从木材干馏的产物焦木酸中分离出相对纯的甲醇。因此，甲醇又被称为木醇、木精、木酒精、甲基醇等。19 世纪 30 年代初，由这种方法生产的甲醇被用于照明、烹饪和加热，后来在应用过程中被更便宜的燃料（尤其是煤油）代替。直到 20 世纪 20 年代，木材一直是制备甲醇的唯一来源。

二、甲醇的化学组成

1834 年，法国化学家杜马（Jean-Baptiste Dumas）和皮里哥（Eugene Peligot）描述了甲醇的化学组成为 CH_3OH（原子量占比为：碳 37.5%、氢 12.5%、氧 50%），并测定了甲醇的分子量为 32.04。甲醇燃料分子式中 C、H 原子数比例为 1∶4，内含氧高达 50%，可以促使燃烧完全，高效节能，排放清洁，是典型的“低碳高氢富氧”型清洁能源。

三、甲醇的合成制备法

随着工业革命的发展，甲醇在化学工业中的需求日益增加。在许多应用领域，木材大量地被煤取代。通过蒸汽和加热作用，人们发展了煤和焦炭的气化技术，通过这种方法可以得到含有一氧化碳和氢气的混合气，开启了甲醇的合成制备法。我国煤化工范畴如图 1-2 所示。

1905 年，法国化学家保罗·萨巴蒂尔（Paul Sabatier）首先提出了由一氧化碳（CO）和氢气（H_2）反应生产甲醇的技术路线。

1913 年，德国巴斯夫公司（BASF）申请了由合成气（从煤中产生）以锌/氧化铬为催化剂，在 300～400 ℃、250～350 atm（1 atm = 101.325 kPa）下合成甲醇工艺的专利，开启了煤制甲醇的新篇章。1923 年，BASF 在德国鲁纳建造了第一个商业化的高压合成甲醇工厂。

1923—1926 年，德国化学家费舍尔（F. Fischer）和托罗普舍（H. Ttropsch）提出了用合成气生产甲醇的方法（即费－托合成气法），构成了甲醇正式进入大规模工业生产的基础。

1927 年，美国杜邦公司开始使用由煤产生的合成气生产甲醇和氨。

20 世纪 40 年代，美国在 BASF 30 年代的发展基础上，开始了天然气（甲烷）水蒸气重整，使得低压甲醇工艺技术得以实现。几年之后，其他的合成气供给包括重油和石脑油也已经被使用。

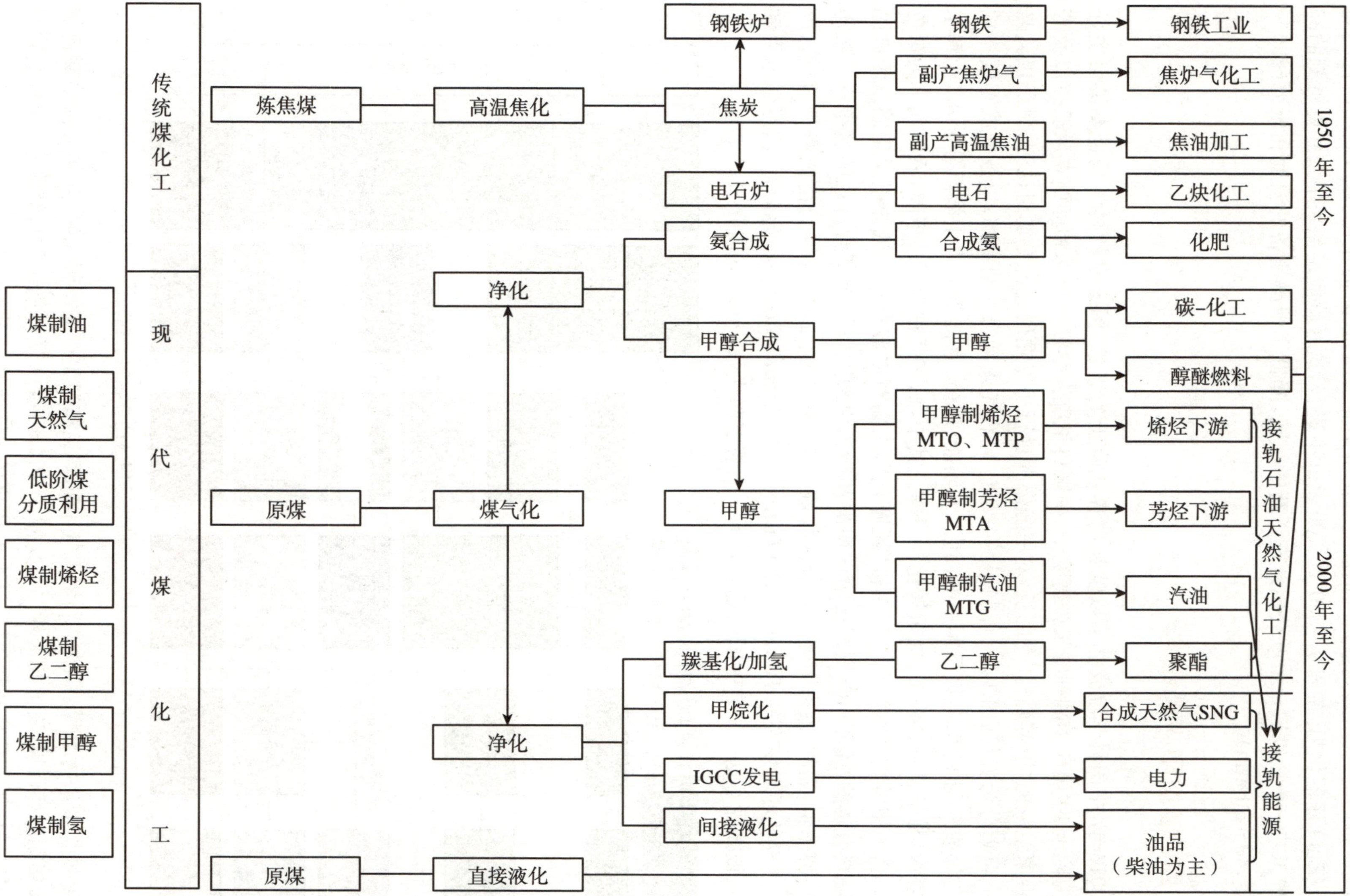
煤制油
煤制天然气
低阶煤分质利用
煤制烯烃
煤制乙二醇
煤制甲醇
煤制氢
传统煤化工
现代煤化工
炼焦煤
高温焦化
焦炭
钢铁炉
钢铁
钢铁工业
副产焦炉气
焦炉气化工
副产高温焦油
焦油加工
电石炉
电石
乙炔化工
氨合成
合成氨
化肥
净化
甲醇合成
甲醇
碳-化工
醇醚燃料
原煤
煤气化
甲醇
甲醇制烯烃 MTO、MTP
烯烃下游
甲醇制芳烃 MTA
芳烃下游
甲醇制汽油 MTG
汽油
接轨石油天然气化工
羰基化/加氢
乙二醇
聚酯
净化
甲烷化
合成天然气SNG
IGCC发电
电力
间接液化
油品（柴油为主）
接轨能源
原煤
直接液化
1950 年至今
2000 年至今

图 1-2 我国煤化工范畴

1966 年，天然气水蒸气重整技术被英国化学工业公司（ICI）商业化引进，利用活性更高的 Cu/ZnO 作催化剂，在 250～300 ℃、100 atm 下进行，这样就能避免采用条件更苛刻的高压甲醇工艺。不久以后，Lurgi 公司开发了新的工艺，降低了甲醇制备的温度和压力（230～250 ℃，40～50 atm）。

四、液态阳光的命名

2018 年，中国科学院成立了以院长白春礼院士为组长，国家自然科学基金委员会主任李静海院士、中国科学院副院长张涛院士、中国科学院大学校长资深顾问施春风教授以及若干企业家组成的“甲醇燃料”专题组，对甲醇燃料进行了专题研究。专题组认为，甲醇以其来源不同可划分为五代（图 1-3）：煤制甲醇；煤气、天然气或页岩气制甲醇；以极低或零碳排放技术用煤或气制甲醇；生物质制甲醇；利用太阳能、风能、水能等可再生能源分解水（光解水或电解水）制备绿氢、将 CO_2 加氢转化制甲醇。其中，后三代称为清洁甲醇，后两代称为绿色甲醇。由于甲醇燃料在社会上长期被“妖魔化”，人们对甲醇有毒的认知根深蒂固。为破除甲醇燃料有毒的“魔咒”，专题组给清洁甲醇和绿色甲醇冠以一个富有诗意的名字——液态阳光甲醇燃料，简称“液态阳光”，以国际权威杂志《焦耳》在 2018 年 9 月由施春风、张涛、李静海、白春礼联名发表的 *Powering the Future with Liquid Sunshine* 为标志，国际学术界和同行很快接受了这个来自中国的靓丽名字——液态阳光（Liquid Sunshine）。

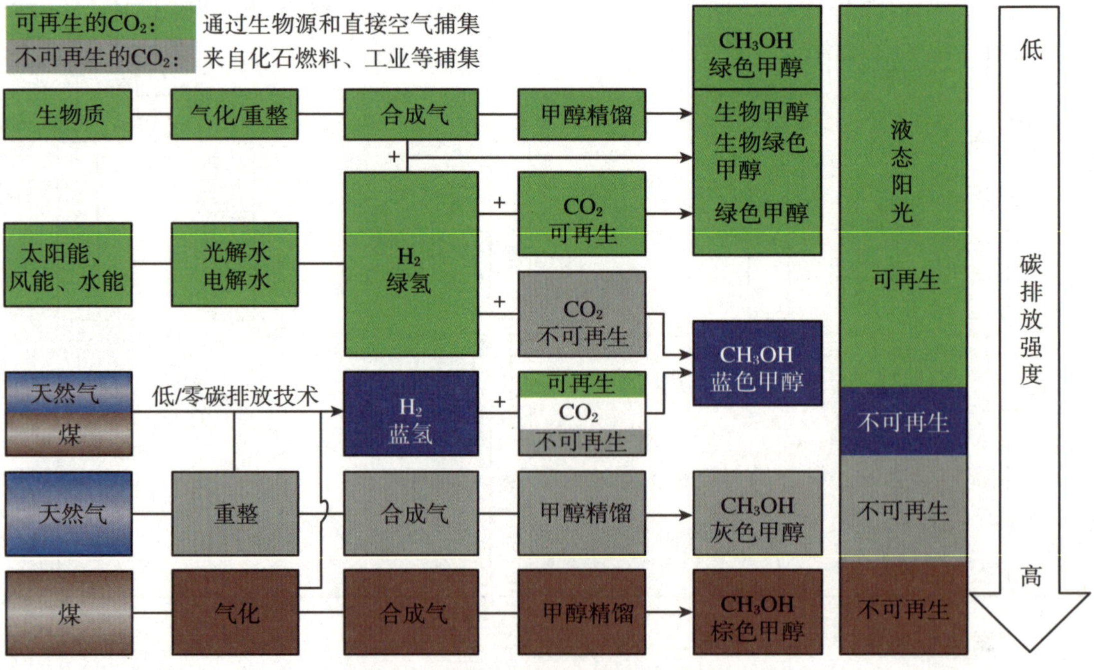

图 1-3　不同来源甲醇的命名示意图

当我们能够大规模、高效率利用大气中的 CO_2 和氢生产液态阳光时，其作为清洁绿色燃料，有望彻底替代煤、石油及天然气。这样，不仅能确保人类对能源的持续需求，而且缓解了 CO_2 温室效应引起的全球性危机，有力推动“双碳”目标的实现。

第二节　甲醇的性质

甲醇是结构最为简单的饱和一元醇(饱和脂肪醇),其化学分子式为 CH_3OH。甲醇在常态下是无色、香气清爽、有酒精气味、低挥发性的液体,溶于水、乙醇等有机溶剂。甲醇的部分理化性质详见表 1-1,常见的醇类化合物(饱和脂肪醇)见表 1-2。

表 1-1　甲醇的部分理化性质

性　质		数　据	性　质		数　据
甲醇的其他名称		木精、木醇、甲基醇等	熔融热/(kJ/mol)		3.169
分子式		CH_3OH	燃烧热/(kJ/mol)		25 ℃液体:727.038
分子量/(g/mol)		32.04116			25 ℃气体:742.738
分子量/(g/mol)	碳	12.01	生成热/(kJ/mol)		25 ℃液体:238.798
	氢	4.03176			25℃气体:201.385
	氧	15.9994	焓能量		5420 kcal/kg
化学组成	碳	37.5%			173.6 kcal/mol
	氢	12.5%	自燃点/℃		空气:473
	氧	50%			氧气:461
密度(0 ℃)/(g/mL)		0.8100	临界温度/℃		240
相对密度(d20)或(20 ℃)/(kg/m³)		791.3	临界压力/Pa		79.54×10^5
沸点/℃		64.5～64.7	临界体积/(mL/mol)		117.8
凝固点(熔点、冰点)/℃		−97.8	临界压缩系数		0.224
闪点/℃		开口:16	膨胀系数(20 ℃)		0.00119
		闭口:12	空气中爆炸极限(体积百分数)		6.0%～36.5%
蒸气压(20 ℃)/Pa		1.2879×10^4	理论空燃比		6.5∶1
液体热容(20～25 ℃)/[J/(g・℃)]		2.51～2.53	雷德蒸气压(37.8 ℃)/kPa		32
比热(20 ℃)/[J/(kg・K)]		2.55	辛烷值	研究法/RON	117
黏度(20 ℃)/(Pa・s)		5.945×10^{-4}		马达法/MON	96
热导率/[J/(cm・s・K)]		2.09×10^{-3}		(RON+MON)/2	106.5
表面张力(20 ℃)/(N/cm)		22.55×10^{-5}	十六烷值(CN)		3
折射率(20 ℃)		1.3287	黏度(25 ℃)/(Pa・s)		5.5×10^{-4}
蒸发能/(kcal/mol)		9.2	溶解性		与水混溶

续表

性　质	数　据	性　质	数　据
蒸发潜热(64.7 ℃)/(kJ/mol)	35.295	腐蚀性	常温无腐蚀性(铅、铝例外)
低热值/(kJ/kg)	21109	毒性	中等毒，LD50<500
氧(汽)化热/(kJ/kg)	1101(高)	主要用途	化工原料、清洁燃料

表 1-2　常见的醇类化合物(饱和脂肪醇)

名称	分子式	FEMA 号	相对密度/(g/cm³)	水或有机溶剂溶解情况	气　味	用　途
甲醇	CH_3OH	—	0.791	溶于水、乙醇等有机溶剂	香气清爽，酒精味	基础的有机化工原料，优质燃料
乙醇	CH_3CH_2OH	2419	0.789	溶于水	具有酒精特有的清香，味辣	制造醋酸、饮料、香精、染料、消毒剂和燃料
丙醇	$CH_3(CH_2)_2OH$	2928	0.804	溶于水、乙醇等有机溶剂	香气清爽，酒精味	主要用于制药、化妆品、塑料、香料、涂料和燃料
1-丁醇	$CH_3(CH_2)_3OH$	2178	0.809～0.810	溶于水(7.9%)、乙醇等有机溶剂	酒精味	化学溶剂或燃料
正戊醇	$CH_3(CH_2)_4OH$	—	0.818	微溶于水，可混溶于乙醇、乙醚等多数有机溶剂	略有杂醇油气味	醇油助溶剂、医药原料、非铁金属的浮选剂、锅炉用水的止泡剂
正己醇	$CH_3(CH_2)_5OH$	2567	0.818～0.819	微溶于水(0.6%)，溶于乙醇等有机溶剂	青草气息	醇油助溶剂、表面活性剂、增塑剂、脂肪醇等
庚醇	$CH_3(CH_2)_6OH$	2548	0.820～0.824	微溶于水(0.2%)，溶于乙醇等有机溶剂	水果香，青草香气	醇油助溶剂，医药行业用作溶剂，用于有机合成和香料制备
辛醇	$CH_3(CH_2)_7OH$	2800	0.822～0.830	微溶于水(0.05%)，溶于乙醇等有机溶剂	水果香，花香，柑橘香气	醇油助溶剂，用于生产增塑剂、萃取剂、稳定剂，用作溶剂和香料的中间体
壬醇	$CH_3(CH_2)_8OH$	2789	0.824～0.830	不溶于水，溶于乙醇等有机溶剂	花香，柑橘香气，脂蜡香气	醇油助溶剂，用于有机合成及用作溶剂
癸醇	$CH_3(CH_2)_9OH$	2365	0.826～0.831	不溶于水和甘油，溶于乙醇等有机溶剂	橙花香，淡油脂味	醇油助溶剂、人造玫瑰油、橙花型和金合欢型香精、润滑油添加剂、增塑剂、胶黏剂等

第三节　甲醇的用途

甲醇的主要用途是有机化工基础原料和清洁能源燃料，本书探讨的重点是其作为清洁能源燃料的用途。详见图 1-4。

图 1-4　甲醇衍生的主要化学产品及其应用示意图

一、有机化工基础原料

甲醇衍生的化学产品和原料有100多种，主要包括甲醛、甲基叔丁基醚、乙酸、乙醇、乙醛、乙酸酐、氯甲烷、甲基丙烯酸甲酯、甲酸甲酯、甲胺、对苯二甲酸二甲酯、二甲醚、氢气、一氧化碳、单细胞蛋白质(SCP)、生化药剂等基础化工产品，以及各种高分子、油漆、胶黏剂、建筑材料等。

甲醇作为有机化工基础原料，对精细化工和新材料产业具有显著的推动作用。在精细化工领域，它不仅丰富了化工产品种类、提升了化工产品质量和性能，还推动了技术创新和产业升级。在新材料领域，甲醇也促进了新材料的研发和产业发展，提高了资源利用率和环保性。随着技术的不断进步和市场的逐步拓展，甲醇将在推动精细化工和新材料产业发展方面发挥更加重要的作用。

二、清洁能源燃料

甲醇作为清洁能源燃料的用途主要包括动力燃烧、热力燃烧和甲醇燃料电池等领域。

1. 动力燃烧领域

甲醇燃料在动力燃烧领域主要用于汽车、工程车、机车、船舰、农业机械、无人机等。

中国能源研究会于2022年3月17日发布实施的T/CERS 0003—2022和T/CERS 0004—2022两个团体标准，对发动机用改性甲醇燃料进行了分类，详见表1-3。

表1-3 发动机用改性甲醇燃料产品分类

用　　途	类　　别	Ⅰ类(低比例)	Ⅱ类(中比例)	Ⅲ类(高比例)
点燃式发动机用改性甲醇燃料(T/CERS 0003—2022)	产品标识	GM30～GM50	GM51～GM70	GM71～GM85
	甲醇含量	30%～50%	51%～70%	71%～85%
	改性剂	5%～10%	5%～10%	5%～10%
	热值剂	65%～40%	44%～20%	24%～5%
压缩式发动机用改性甲醇燃料(T/CERS 0004—2022)	产品标识	GD15～GD20	GD21～GD30	GD31～GD40
	甲醇含量	15%～20%	21%～30%	31%～40%
	改性剂	15%～20%	20%～25%	25%～30%
	热值剂	70%～60%	59%～45%	44%～30%

长安大学刘生全教授将车用甲醇汽油分为：低比例甲醇汽油(甲醇含量小于30%)；中比例甲醇汽油(甲醇含量大于30%而小于70%)；高比例甲醇汽油(甲醇含量大于70%)，高比例甲醇汽油也叫车用甲醇燃料。之所以对甲醇汽油进行如此划分，是基于以下方面的考虑：

(1) 当甲醇含量小于30%时，甲醇汽油中的氧含量不超过15%。以汽油发动机供油系统的调节能力，通过增加燃料的喷射量，可以将空燃比λ调整在国标所要求的$\lambda = 1.00 \pm 0.03$以内，能够确保发动机燃料的燃烧及工作状态不发生变化，做到燃料适应汽车。也就是说使用低比例甲醇汽油，发动机不需要进行任何改装。需要说明的是不同类型的汽油发动机，供油系统的调节能力有一定的差别，汽油机对燃料中氧的适应能力各不相同，选取15%氧含量这一限值，基本上可以满足我国现行生产车辆的要求。低比例甲醇汽油需要添加甲醇汽油添加剂，尤其是助溶剂。助溶剂的添加比例一般不宜超过3%，并且氧含量要低，热值要高，燃烧性能要好。

(2) 甲醇含量大于30%而小于70%的甲醇汽油，为中比例甲醇汽油。一方面，因为当甲醇含量大于30%之后，汽车发动机的燃料供给系统已经无法将空燃比 λ 调整在国标所要求的范围内，在用车辆要使用中比例甲醇汽油就必须安装汽车灵活燃料控制器，汽车灵活燃料控制器的功能是扩大发动机供油系统的调整范围。另一方面，中比例甲醇汽油互溶性能最差，需要大量使用助溶添加剂，一般用量在4%～6%。助溶添加剂的使用，大大地增加了中比例甲醇汽油的成本。

(3) 在用车辆使用高比例甲醇燃料需要安装汽车灵活燃料控制器，新设计的应用高比例甲醇燃料的汽车供油系统控制程序需要进行调整。高比例甲醇燃料不需要添加助溶添加剂，其抗水性能也非常强，但是需要添加金属缓蚀剂、分散剂、抗氧稳定剂等。高比例甲醇燃料添加剂的功能与中、低比例的完全不同，添加量也要少得多，一般添加比例为百分之零点几，甚至更少。

低比例甲醇汽油的优势在于汽车完全适应燃料，推广应用方便；高比例甲醇燃料成本低，经济性能好，可以替代更多汽油；相比之下中比例甲醇汽油没有什么优势。大量的技术研究成果与实践也证实低比例甲醇汽油与高比例甲醇燃料具有较好的市场应用价值，这也是国家首先出台一高、一低甲醇汽油标准的依据。

2. 热力燃烧领域

甲醇燃料在热力燃烧领域又称作醇基燃料、醇基清洁燃料、醇基民用燃料、醇基液体生物燃料组分油、工业和民用改性甲醇燃料等，主要用于工业锅炉窑炉、采暖供热装置、燃烧器具、农业工程（果蔬大棚、食品烘焙、烟叶烘烤等）、商业民用炊事和采暖等。

中国能源研究会于2022年3月17日发布实施的T/CERS 0001—2022和T/CERS 0002—2022两个团体标准，规定了工业和民用改性甲醇燃料的技术要求，详见表1-4。

表1-4　工业和民用改性甲醇燃料技术要求

序号	项目	指标	
		工业用改性甲醇燃料（T/CERS 0001—2022）	民用改性甲醇燃料（T/CERS 0002—2022）
1	密度(20 ℃)/(g/cm³)	0.75～0.85	
2	甲醇含量(体积分数)	≥70%	
3	低热值/(kJ/kg)	≥25000	≥21000
4	50%馏出温度/℃	<70	<80
	95%馏出温度/℃	<80	<100
5	机械杂质(质量分数)	无	

续表

序号	项目	指标	
		工业用改性甲醇燃料（T/CERS 0001—2022）	民用改性甲醇燃料（T/CERS 0002—2022）
6	引燃温度/℃	>200	
7	pH	6～8	
8	凝点/℃	<-30	
9	硫含量/(mg/kg)	<10	
10	铜片腐蚀(50 ℃,3 h)	⩽1	
11	甲醛试验	品红不呈蓝色	
12	稳定性(-20 ℃)	不分层	

3. 甲醇燃料电池领域

甲醇燃料电池主要用于直接甲醇燃料电池(DMFC)、低温甲醇重整制氢燃料电池(RMFC)、高温甲醇燃料电池(HMFC)和直加甲醇陶瓷膜燃料电池(CMFC)等领域。详见第三章第二节“甲醇燃料电池”。

全球甲醇行业协会首席运营官格雷戈里·多兰(Gregory Dolan)在《全球复兴中的甲醇燃料》一文中阐述:使用甲醇作为燃料可能最早源于西方,但西方国家现在是学生,中国已经成为老师。在未来,相信世界各国能够同中国一起,坚实推动绿色低碳甲醇在交通能源领域的发展。

第四节　甲醇的优势

甲醇燃料与其他能源相比优势明显,可简单比喻为“清洁的煤”、“便宜的油”、“移动的电”、“简装的气”、“液态的氢”(氢常态是气体)。与煤相比是清洁的:PM2.5 减排 80%,碳减排 50%,氮氧化物、硫氧化物减排 95%以上。与油相比是便宜的:每吨标号汽油终端用户价在 8000 元左右,每吨甲醇终端用户价在 2000～3000 元。与电相比是可移动的:电的传输需要电网和变压器及充电装置,传输过程要耗能,基础设施建设要投入;如果是热电,发电本身又产生巨大的排放和污染。与气相比其装备是简便的:液化天然气(LNG)的储存和运输需要高压和低温,需要特制的装备和设施,且有安全隐患。与氢相比,1 升甲醇产氢气量是 1 升液氢的两倍(143 g/70 g)。

液态阳光甲醇燃料的优势集中体现为来源广泛、能源保障、清洁环保、助力“双碳”、经济性好、动力性强、安全性高和适用性广。

一、来源广泛

在自然界中，存在着“万物生甲醇、甲醇生万物”的生态循环。甲醇来源广泛可靠，既可以利用煤、油、气等制甲醇，也可以利用“弃风”“弃光”电解水制氢再与 CO_2 反应制取甲醇。中国煤资源丰富，但有相当一部分劣质煤，既不能发电，也不能作为燃料直接燃烧，却能用来生产甲醇，还可以获得硫黄、硫酸等副产品。生产甲醇过程中的高浓度 CO_2 可以收集起来再生甲醇，实现资源综合利用。我国是甲醇生产、消费大国。甲醇是我国优势能源项目，产量约占全球甲醇总产量的 60%，长期以来一直作为工业原料存在。甲醇作为燃料显现出燃烧高效、排放清洁、可再生等特点。甲醇作为可再生燃料，由于来源广泛、经济体量巨大、全产业链可持续发展，是煤、石油、天然气等化石能源的有效替代品。

甲醇燃料在稳定性和可储存性方面表现出明显的优势，这使得其在能源领域具有广泛的应用前景。甲醇化学性质相对稳定，不易发生变质或分解。甲醇常温常压下为液态，密度和能量密度适中，在储存和运输过程中能够保持较高的能量密度和较低的损耗，这为其在各种应用场景下的长期储存和使用提供了保障。太阳能的稳定性受到天气、季节和地理位置等多种因素的影响，其储存方式目前常见的有电池储能、热能储存和化学储能等，这些储存方式都存在成本较高、效率有限或技术成熟度不足等问题，因此其可储存性相对较差。风能的稳定性受到风速、风向、地形和季节等多种因素的影响，其储存方式目前常见的有压缩空气储能、抽水蓄能、电池储能等，这些储存方式同样存在成本、效率和技术成熟度等方面的问题。水能的稳定性受到水流、水位和季节等多种因素的影响，其可储存性相对较好，主要通过水库、水坝等水利设施进行储存和调节，但受到地理、环境和政策等多种因素的限制，水利设施建设和运营成本较高。

二、能源保障

我国是世界第二大石油消费国和最大的石油进口国，2018 年中国石油对外依存度超过 70%，天然气对外依存度达到 46%；经济发展和人民生活消耗的大量石油和天然气依靠进口，直接导致我国能源安全难以得到保障。截至 2020 年底，我国总计甲醇产能达 10150 万吨，有效产能 9700 万吨，占世界产量的 60%以上。产能利用率达 70%左右，在产能充分利用的同时能够保障甲醇燃料供应的充足性，可以大幅度减少石油和天然气对外进口的依赖，确保国家能源安全。据我国液体能源需求量预测，如果甲醇燃料应用规模达到 3.5 亿吨以上，可将我国原油对外依存度降到 30%以下。据国家发展和改革委员会（以下简称发改委）数据显示，2021 年我国石油进口量为 5.13 亿吨，如果国内三分之一的柴油车使用甲醇燃料，就能减少 6000 万吨的石油进口，而这是 1.5 亿吨的煤炭消耗量，可见甲醇燃料优势有多明显。

三、清洁环保

甲醇内含氧 50%，易于充分燃烧，排放物中碳氢化合物、一氧化碳、氮氧化合物含量远低于汽柴油燃烧的常规排放，C、H 含量低于 30%，且不含苯、烯烃和硫化物。按照国家标准，甲醇燃烧排放的碳氧化合物下降 98.9%，碳氢化合物下降 88.11%，十分有利于环境保护。2021 年 11 月，国家《“十四五”工业绿色发展规划》将甲醇汽车列入绿色产品。近年来，山西省晋中市已经完成了较大规模的甲醇锅炉替代，投入应用的甲醇采暖锅炉、燃烧机达数万台，并形成了一批实力较强的甲醇燃料储运企业。据统计，中国每年甲醇燃料消耗量为 1000 万吨左右，除汽车领域，中国已经将甲醇燃料的应用延伸到居民炊事和取暖、农业工程和燃烧等方面，虽然使用总量较小，但作为清洁能源在使用规模上已位居世界第一，且无论是作为动力燃料，还是作为热力燃料，已经形成一套较为成熟的技术体系。

四、助力“双碳”

甲醇仅含一个碳原子(汽油含 7～13 个碳原子，柴油含 14～22 个碳原子)，是实现碳中性循环的“可再生合成能源”。2022 年 3 月，中国科学院公布的《中国科学院科技支撑碳达峰碳中和战略行动计划》提出：以甲醇、氢气、储能作为平台技术，构建多能融合的清洁低碳能源生产和消费技术体系，支撑我国“双碳”目标的实现。吉利首款甲醇混合动力轿车在山西省晋中市正式下线，每千米出行成本仅 0.3 元、每行驶 1 万千米可减少碳排放 0.8 吨。工业领域甲醇产能每年在 9000 万吨，如果用液态阳光来代替，就可以减排 1.2 亿吨以上的 CO_2。目前我国 CO_2 年排放量约 100 亿吨，其中发电、石化等八大高排放行业占了近一半。如果通过大力推广液态阳光科技创新，将这些 CO_2 捕集合成液态阳光，不仅每年可以生产 30 多亿吨液态阳光(以 1.375 吨 CO_2 生产 1 吨液态阳光计)，同时还能减少约 50 亿吨碳排放，极大助力“双碳”目标的实现。

五、经济性好

首先是成本低。工业和信息化部(以下简称工信部)在 2018 年发布的《关于甲醇汽车试点工作情况的报告》中表示，甲醇汽车与传统汽油车相比成本平均降低 30%，能耗平均降低 21.7%，使用甲醇汽油在经济上具有很大优势。未来若考虑碳排放成本，CO_2 加氢制甲醇相比煤制甲醇更具经济优势。

第二是溶剂优。通过内含性能优良的溶剂，可有效消除油箱及油路系统中杂质的沉淀和凝结，减少为清洁疏通油路而购买的如油路通、燃油精等添加剂费用开支。

第三是降低油耗。采用高压缩比的发动机，油耗可进一步降低，从而进一步提高甲醇发动机的经济性。

第四是使用方便。低比例甲醇燃料在车辆使用中，任何一款汽油发动机无须改造即可正常使用；中比例甲醇燃料在耐腐蚀性方面，对解决橡胶类产品、有色金属材料的腐蚀问题，已经走在了该领域的世界前沿；高比例甲醇燃料在汽车、船舶、机车和飞机等动力领域，已经成为替代化石能源的首选。

第五是加注站建设成本低。利用现有的液体加油站改装，整个能源转型就不需要再耗费巨资去建加氢站和充电桩。按加油站 450 辆车/天的加注能力、充电站 24 辆车/天的充电能力、小型氢气加注站 30 辆车/天来测算：改装 1 万座加油站加注甲醇仅需约 20 亿美元，而建 1 万座充电站约需 830 亿美元，建 1 万座加氢站约需 1.4 万亿美元，且这 1.4 万亿美元还没有考虑地价的因素。

六、动力性强

首先是辛烷值高。甲醇汽油的马达法辛烷值(MON)为 106 左右，研究法辛烷值(RON)为 112 左右，比同标号传统汽油提高 3～5 个单位，有利于增大燃气压缩比，获得更高的热效率和更大的功率，一般 1 升的 M100 甲醇发动机具有 1.3 升汽油发动机的动力。

第二是燃烧特性好。用于车辆动力燃料能有效地消除燃烧系统各部位的积炭，避免了因积炭的形成而引起动力下降、燃烧不充分等现象，且可降低各工况排气温度，有利于降低零部件热负荷，延长发动机部件的使用寿命。

第三是能量转换效率高。甲醇中氧与碳氢元素的质量各占一半，含氧燃料可以改善发动机燃烧反应，相比按汽油等热值计算平均能量转换效率可提高 20%以上。

七、安全性高

首先是毒性低。甲醇在自然界天然存在，在发酵生产酒类的过程中会同时生成微量甲醇，因此国家标准也对酒类中的甲醇含量作出限定。在毒理学数据中，甲醇与乙醇的 LD50 数值大小互相交叉，处于同一水平。在 GBZ-230《职业性接触毒物危害程度分级》中，根据分级和评价依据计算所得甲醇的毒物危害指数 THI 为 20，而汽油的毒物危害指数为 28，可见在职业性接触标准下，甲醇的毒性低于汽油。在对人类健康危害方面，传统汽油比甲醇汽油对人类健康危害更大。美国环保机构报告数据详见表 1-5。在甲醇汽车及甲醇燃料供应系统的使用运行安全方面，已具有成熟可靠的装备和工艺措施。工信部组织甲醇汽车试点工作五年中，组织相关人员 2500 人次体检，检测相关加注站点、维修工厂等环境空气中甲醇含量 112 次，均未出现影响涉醇人员人体健康的病例，涉醇场所空气中甲醇浓度也都低于我国职业接触标准限值。甲醇易溶于水且可自然降解，在储运、加油过程中发生溅洒等事故，均不会造成对环境和土壤的污染。甲醇作为船舶燃料目前进展迅速，如若发生事故导致大量甲醇泄漏到水体中，甲醇对水体动物影响的专门研究表明：以鱼类为例，甲醇的半数致死量为 15400 mg/L，广泛作为船舶燃料的重油、柴油分别为 79 mg/L 和 65 mg/L，甲醇大概是它们的 194 倍和 237 倍。而汽油的半数致死量达到 8.2 mg/L，甲醇大概是汽油的 1878 倍。可见，甲醇对水体动物(鱼类、甲壳类、软体动物等)的毒性远远小于汽柴油等其他燃料。英国化学工业公司历时 8 年的毒理学试验结果表明：甲醇蛋白无毒，可用于动物饲料，甚至还能成为供人类食用的高级蛋白质。

表 1-5　甲醇和汽油的危害性比较

指标			甲　醇	汽　油
着火性	可能性	特定露天空间	4	9
		密闭空间	8(2～4)①	2
	着火后的危害性	火灾损害程度	3	10
		可灭性	7	10
		火焰可见度	8	1
	合计		24～26	32
毒性	吸入低浓度时	毒性	3	10
		可能性	10	10
	吸入高浓度时	毒性	10	10
		可能性	3	4
	皮肤接触时	毒性	9	8
		可能性	3	3
	口服时	毒性	10	10
		可能性	8(2)②	3
	合计		50	58
总计			74～76	90

注:此表引自美国环保机构报告。① 括号中为改变设计后的值;② 括号中为添加剂存在的可能性值。

第二是火灾风险小。甲醇的火灾(包括爆燃)发生风险小于汽油、柴油和天然气,详见表 1-6。在相同的情况下,汽油更容易挥发,它产生的蒸气压是甲醇的 2～3 倍。汽油蒸气比空气重 2～4 倍,更容易贴近地表运动接触到周边火源,而甲醇蒸气仅比空气略重,更容易扩散、稀释到起燃浓度以下,不易接触地表火源。甲醇的热值低于汽油热值的一半,甲醇闪点为 12 ℃,汽油闪点低至 −50 ℃,因而甲醇更难被点燃;即使被点燃后,造成的危害也比汽油小,甲醇燃料着火可用水熄灭。甲醇被美国印地赛车选作燃料。甲醇燃料在军工领域更有特殊安全性。

表 1-6　燃料相对危险性

序　号	项　　目	汽　油	柴　油	液化石油气	甲　醇
1	泄漏	3	1	5	2
2	蒸发	3	1	4	2
3	释放到大气中	5	6	4	3
4	释放在密闭室内	2	5	3	4
5	自动点火	6	5	3	4
6	火花点火	2	1	3	—
7	火焰传播	2	1	3	5

续表

序号	项目	汽油	柴油	液化石油气	甲醇
8	爆燃	5	6	2	1
9	由火焰辐射	6	7	5	1
10	健康影响	7	5	4	6
总计		41	38	36	28

注：此表引自美国能源部报告。

第三是综合相对危险性小。据美国能源部的发表报告，按燃料物化特性划分的几种燃料的相对危险性以7级划分，1级危险性最低，7级危险性最高。表1-6数据显示，甲醇燃料的综合相对危险性总和为28级，远远小于汽油（41级）、柴油（38级）和液化石油气（36级）的综合相对危险性，可见甲醇燃料是相对安全的燃料。

八、适用性广

目前甲醇在热力燃烧领域的应用市场已遍及全国20多个省份，随着甲醇燃料应用技术逐渐成熟，甲醇燃料已广泛化、工程化、规模化、规范化应用于交通燃料、供热燃料和灶用燃料等领域，企业的数量和规模都已进入快速发展通道；甲醇燃料应用涉及的专用设施设备、专用器具、专用部件等产业链正在逐步建立。无论是在动力燃烧领域，还是在热力燃烧领域，相对于核能、氢能、氨能、液化石油气、天然气、电能等，甲醇燃料以其优异的品质，被认为是最有前途的绿色清洁燃料。

第二章 砥砺前行

国外将甲醇作为汽车燃料的研究开发工作始于20世纪70年代,美国、德国等发达国家早就将甲醇列为清洁能源。国际海事组织2020年12月发布的《甲醇/乙醇燃料船舶安全临时导则》指出:将甲醇用作船用燃料可以为船舶运营方提供立竿见影的脱碳益处。自20世纪80年代开始,我国有关部门先后组织开展了甲醇汽油、甲醇燃料及甲醇汽车的研究开发和试点示范工作;研究和示范工作先后分布在8个“五年计划”之中,时间超过40年。我国是国际上唯一持续开展甲醇汽车和甲醇燃料相关技术研究开发的国家。

本章通过建言献策、应用推广、政策法规、标准规范与协会典范等节,阐述我国在做大做强甲醇燃料产业的大道上砥砺前行的发展历程。

第一节 建言献策

2001年4月初,原化学工业部的李琼玖等4位退休专家联名致信朱镕基总理建议选择我国现有氨厂联产甲醇燃料。2001年4月21日和7月21日,时任国家科技教育领导小组组长朱镕基总理两次亲自批示“发展甲醇燃料”的文件。

2001年7月9日,原国家经济贸易委员会在给朱镕基总理《关于发展甲醇燃料有关情况的报告》中,“为科学稳妥地促进甲醇燃料发展”,首次提出“拟选择煤资源丰富的山西省先行试点"的建议。

2002 年 10 月 25 日，何光远等 23 位省部级干部、院士和专家，向国务院领导人建议选择煤制清洁能源作为汽车新的主导替代能源，开篇指出："我国是人口众多的能源消费大国。能源必须立足于国内，既要放眼长期能源安全，又要减少环境污染，必须结合我国资源情况，为我国汽车工业的发展寻找石油的替代能源。我国富煤炭、缺油气，少再生能源。而煤可采用百年，可制清洁能源——甲醇、二甲醚，甲醇制氢。煤不仅可用作汽车清洁燃料，也可用作多重化工原料，几乎能替代各种能源，可保证国家百年能源安全。抓住煤制清洁能源，就掌握了能源问题的全局，是能源发展的重中之重。其他一些代用燃料（如粮制乙醇、LPG、CNG 等）只能小规模补充性地供应，不可能成为汽车的主导能源。汽车是消耗能源大户之一，要调整能源建设方针，应将汽车能源作为起始点。"

2004 年 3 月 18 日，吴养洁等 14 位院士和专家，向河南省委、省政府提出《关于大力发展我省醇类替代能源的建议》，其中指出："我国煤炭储藏量为 1 万亿～4.5 万亿吨，拿出下限的 20%生产甲醇，足够我们用 100 年以上，可谓化解石油危机的'百年能源安全工程'。如果再用上秸秆资源，我国的能源问题更是可以得到缓解。"

2005 年 12 月 4 日，何光远、王茂林、谭竹洲、彭致圭、倪维斗、谢克昌、蔡睿贤 7 位省部级干部和院士，向党中央、国务院提交《关于推广煤基醇醚燃料以替代汽油、柴油的建议》，其中指出："我国在过去的几十年间，始终坚持煤化工的研发与创新。目前我国利用高硫劣质煤生产甲醇，其生产技术已位居世界前列，原料来源稳定可靠，生产规模化。""可以说，我国已具备利用高硫劣质煤制甲醇作为车用燃料的主要替代品的能力。这是缓解石油紧张，解决汽车能源和环境问题的现实选择。"

2008 年 7 月 1 日，金涌等 29 位中国工程院院士在《关于转换战略能源储备理念的建议——以"功能"储备补足"资源"储备》中提出："甲醇作为煤化工的'平台化合物'，几乎所有化石能源，如煤（煤气化）、焦炉气、煤层气、天然气、沼气等，都可以作为直接合成甲醇的原料，而这些资源在我国相对丰富。甲醇可以以不同比例混入汽油（M5、M15、M85、M100）使用，或者经过简单脱水反应生成二甲醚，以及与植物油进行酯交换反应合成生物柴油，两者都是清洁的柴油代用燃料，所以甲醇基本上可替代石油加工成为车、船、飞机的动力燃料的补充，而且成本更低。""甲醇从本质上讲对人体是安全可控的，甲醇的化学毒性低，不属于美国列入'城市大气毒物策略'的品种。甲醇自然存在于人体，含量为 0.6 mg/kg 体重，长期在 200～250 μL/L 甲醇含量的环境中工作无害，甲醇挥发性较低，同样在空气中暴露，挥发度仅是汽油的 30%～60%。甲醇对人体的主要危害在于误食饮用，对于视力损害严重而且可能致命，但比较容易控制，误饮中毒可以用碳酸氢钠、醋酸、酒精等降低它在体内的代谢，所以人们认为甲醇为剧毒物质的印象是一种误导。甲醇在环境中也是安全的，甲醇造成火灾、爆炸的可能性远小于汽油和柴油，其着火极限浓度是汽油的 4 倍；甲醇泄漏的危害也比汽油和柴油小，甲醇溶于水，易于稀释、扑救和降解。甲醇组成单一，性能稳定，长期贮存不易变质。甲醇作为机动车燃料，其尾气排放好于燃油。""最重要的是从经济、节能、减排等几个角度考察，煤制甲醇作为'功能'资源储备都是十分有利的。总之，如果实施以甲醇战略储备替代 1/10～1/5 的石油战略储备，在替代使用功能、原料来源、安全性、环境保护、经济合理性和实施可行性等方面都是符合我国国情而且是易于操作的。"

我国是能源相对贫乏的国家，“缺油、少气、煤炭相对富裕”的资源格局一直没有改变。2009年我国全年进口原油首度超过2亿吨，达到2.04亿吨，石油对外依存度已达到51.9%。2024年我国全年进口原油量为55344万吨，石油对外依存度为72.2%。随着我国国民经济的快速发展，能源消费增长势头还在继续，石油对外依存度仍有进一步提高的趋势。而随着汽车行业的迅速崛起，车用油的需求也在逐年加大，汽车将成为石油消耗增长的主要因素。同时，汽车高速发展后带来的城市空气净化等环境问题也将日显严重。面临能源紧张、环境污染这两大潜在危机，我们必须抓紧开发清洁替代燃料，在新能源汽车多元化的发展战略框架下，煤制甲醇不失为一个新的出路。据统计，目前全国已经有18个省、市、地区开展了燃料甲醇与甲醇汽车的研发推广工作。据有关城市对公交车、中巴车、小轿车的实验证明，甲醇汽油的动力优于普通无铅汽油；环境监测数据表明，使用甲醇汽油车辆的尾气，一氧化碳、碳氢化合物、氮氧化物颗粒物等污染物排放量比汽油车降低30%～40%。为了鼓励更多的甲醇生产企业大力发展甲醇汽油的推广应用，有效降低我国石油对外依存度，保证国家能源安全和环境安全，国家应尽快出台相关规定，全面推广甲醇汽油，并将其作为中国应对气候变化国家方案的重要组成部分。

2018年3月，在第十三届全国人民代表大会第一次会议上，全国人大代表、浙江吉利控股集团董事长李书福提交了《发展“液态阳光经济” 推进甲醇汽车市场化》的建议。

2021年3月，在全国政协十三届四次会议上，全国工商联提交了《关于将甲醇纳入国家能源体系并规范其推广应用》的提案。中国科学院院士李灿委员提交了《绿色氢能和液态阳光甲醇：完成碳中和目标的路径》和《完成碳中和目标、实施液态阳光甲醇的碳排放权交易等政策》两个提案。他提出：“液态阳光技术可将太阳能等可再生能源储存在甲醇中，是CCUS（碳捕集、利用与封存，carbon capture，utilization and storage），提供了一种发电－（特）高压输电之外的可再生能源储存和输运的新模式，是可再生能源转化为各种化学能的枢纽。作为完成碳中和目标的重要路径，液态阳光技术可以规模化解决化石资源领域的二氧化碳排放问题，对于能源转型具有决定性意义。”他建议：“要尽早实施碳排放交易权政策，通过碳税及碳汇机制推动液态阳光甲醇的推广应用。”

2021年10月8日，国家市场监督管理总局对十三届全国人大四次会议第5460号建议的答复（国市监议〔2021〕124号）如下：“禹诚代表，您与9名代表共同提出的《关于出台〈醇基燃料使用安全技术规范〉强制性国家标准的建议》收悉，经商交通运输部、应急管理部，现答复如下：您提出的关于出台醇基燃料使用安全方面强制性国家标准及相关监管建议，对于加强醇基燃料安全使用和监管，促进醇基燃料产业健康有序发展，具有十分重要的意义，我们非常赞同。近年来，市场监管总局等部门高度重视醇基液体燃料产品质量及安全监管问题，不断健全醇基液体燃料标准体系，加强醇基液体燃料安全监管，切实保护人民群众生命财产安全。”“醇基燃料是以醇类（甲醇、乙醇、丁醇等）物质为主体配制成的燃料，属于危险化学品，广泛应用于餐饮、取暖、汽车等领域。不同应用领域醇基燃料的产品质量要求和监管方式不同。由于醇基液体燃料价格便宜，我国餐饮企业逐步用醇基液体燃料替代天然气，北方农村地区也将醇基液体燃料用于取暖。据估算年消耗量达200万吨。但是，由于用户安全意识差、储存不符合标准、使用操作不规范等诸多原因，火灾事故时有发生。为尽量规避醇基液体燃料安全风险，需要各有关部门在醇基液体燃料生产、运输、存储、使用等各环节加强监管合力，以保障醇基液体燃料生产和使用符合相关法律法规及标准要求。”

2022 年 6—8 月，国家市场监督管理总局和工信部先后对在十三届全国人大五次会议上席文代表提出的《关于加强醇基燃料的使用管理，明确监管主体的建议》、刘汉如代表提出的《关于推动液态阳光绿色甲醇应用的建议》、辛琰代表提出的《关于协调共建甲醇经济晋中示范区的建议》，以及在政协第十三届全国委员会第五次会议上李灿委员提出的《关于通过液态阳光甲醇，规模化转化消纳光伏风电等可再生能源的提案》和《关于液态阳光甲醇助力交通运输领域实现碳中和的提案》作出了肯定的答复。

2022 年 5 月 27 日，在九三学社中央委员会举办的第十七届“九三论坛”上，九三学社安徽省委社会经济委员会副主任许桂宝代表九三学社安徽省委做了“加速推动液态阳光科技创新　助力‘双碳’目标实现”的报告，得到全国人大常委会副委员长、九三学社中央主席武维华的高度关注。

第二节　应用推广

20 世纪 50 年代，在苏联的技术援助下，我国曾在吉林、太原和兰州等地建成了以煤和焦炭为原料采用锌－铬催化剂高压法生产甲醇的工业装置，开始了甲醇的工业化生产。在 1973 年世界石油危机后，我国开始了甲醇燃料的研发。在国家“六五”（1981—1985 年）期间我国单独研发的基础上，“七五”（1986—1990 年）、“八五”（1991—1995 年）期间，原国家科委和中国科学院牵头，与德国及美国有关方面合作，在煤基甲醇替代油气能源领域做了许多开创性的工作，得出了发展煤制甲醇燃料符合中国国情的重要结论。在国家“九五”（1996—2000 年）规划中，提出了“积极发展新能源”的战略。“九五”期间开发研究民用甲醇燃料，颁布 GB 16663—1996《醇基液体燃料》和 NY 312—1997《醇基民用燃料灶具》等产品质量标准。1998 年在北京召开了世界醇燃料会议。在这期间，我国在对油气替代能源的认识、规划、研发和实施方面，处于世界前列。“十五”（2001—2005 年）规划期间，某些能源规划管理人员将重点转向大量进口油气，大规模推进核电，推广粮制乙醇燃料。但在 2001 年 9 月 24 日，原国家经贸委召开了全国燃料甲醇协调会，选择山西省作为车用甲醇燃料推广应用示范省。10 月 10 日，在我国《能源节约与资源综合利用“十五”规划》中，明确提出要“重点发展甲醇和乙醇替代汽油技术”，重大示范工程中包括“以甲醇和乙醇为主要内容的替代成品油示范工程”。“十一五”（2006—2010 年）期间，基本上延续实施上述规划。“十二五”（2011—2015 年）规划中，提出要“推进能源多元清洁发展”，“有序开展煤制天然气、煤制液体燃料和煤基多联产研发示范，稳步推进产业化发展”，“在确保安全的基础上高效发展核电”。“十三五”（2016—2020 年）期间，因为缺乏对发展甲醇能源属性的共识，在国家《能源发展战略行动计划（2014—2020）》《能源发展“十三五”规划》《能源生产和消费革命战略（2016—2030）》等国家级发展规划中均没有明确支持。正是由于缺乏国家层面的战略，即使是在多年多地试点后，甲醇燃料产业发展仍然举步维艰。

我国甲醇燃料的应用推广，大致经历了模拟探讨、创新试验、试点示范和市场推广四个阶段。

一、模拟探讨阶段(20 世纪 70 年代—1998 年)

此阶段从 20 世纪 70 年代到 1998 年第 13 届国际醇燃料会议在我国召开。这 20 多年，对甲醇燃料的研究主要体现在四个方面。

1. 甲醇燃料可行性研究

以中国科学院为主，进行了甲醇燃料可行性研究，得出了肯定性结论。

2. 甲醇毒性实验研究

由原国家科委牵头，北京医科大学承担主要任务，进行了甲醇毒性实验研究，得出了其毒性不影响它用作燃料的结论。

3. 模拟应用试验

由原国家科委牵头，中国科学院和交通、汽车、能源部门及山西省、北京市等方面参加，分别与德国、美国等国家有关方面合作，对甲醇燃料、甲醇汽车已有技术进行了长期的模拟应用试验，并考察论证了利用我国丰富的煤炭资源制取甲醇燃料的可行性，得出了煤制甲醇燃料符合我国国情的结论。

4. 开发研究民用甲醇燃料

颁布了《醇基液体燃料》(GB 16663—1996)、《醇基民用燃料》(NY 311—1997)和《醇基民用燃料灶具》(NY 312—1997)等产品质量标准。

这些探讨和结论意见，使得甲醇燃料在我国科技界和煤炭资源丰富的山西省获得了认可，促成了第 13 届国际醇燃料会议在我国召开。中国科学院潘奎润研究员当选为大会组织委员会主席。从此，我国的有关研发和示范应用较好地与国际接轨。

二、创新试验阶段(1998—2001 年)

此阶段从 1998 年到 2001 年。这 3 年，在国际醇燃料会议的促进下，我国山西、河南、四川及其他许多省市的有关单位，积极地进行了甲醇燃料创新研究和应用试验，开发出了一些具有世界先进水平的醇油助溶剂和性能改良剂，对醇基民用燃料及其炉具进行了进一步的研发和创新；还创造性地把车用甲醇燃料掺烧甲醇的比例，从 M15 的低比例延伸到 M30、M50、M85 的中比例和大比例。在这个阶段，关于甲醇燃料汽车的研发，中国山西大同汽车制造厂、安徽奇瑞汽车制造公司和浙江吉利控股集团有限公司已走在了世界前列。中国科大 LH(漯河)科技园新能源研究院拥有的由合成气直接合成新型醇基液体燃料的专有技术，也具有世界先进水平。

三、试点示范阶段(2001—2019年)

这是关键的18年。2001年7月9日,原国家经贸委向朱镕基总理提交了《关于发展甲醇燃料有关情况的报告》,建议"选择煤资源丰富的山西省先行试点";9月24日,原国家经贸委正式召开"燃料甲醇协调会",选定山西省作为"燃料甲醇和甲醇汽车产业化示范"点。山西省随即专门召开了省政府常务会议,决定"加快燃料甲醇和甲醇汽车产业化步伐",成立了以刘振华省长为组长的"山西省燃料甲醇、甲醇汽车领导组",下设厅级办事机构"醇改办"。

2009年,工信部正式组织开展甲醇汽车摸底调研,研究组织开展试点工作的可行性和必要性,启动开展试点工作的各项准备。2012年,工信部选定陕西、山西和上海两省一市试点推广高比例甲醇汽油(M85、M100);2015年,增加贵州、甘肃两省开展甲醇汽油利用试点工作。自此,工信部会同有关部委,先后在山西、上海、陕西、甘肃、贵州5省市的晋中、长治、上海、西安、宝鸡、榆林、汉中、兰州、平凉、贵阳共10个城市,正式组织开展甲醇汽车试点工作。2018年3月,工信部、发改委和科学技术部(以下简称科技部)完成10个城市的甲醇汽车试点验收工作,总结并提出在坚持能源资源禀赋和因地制宜原则下,积极开展甲醇汽车推广应用的意见和报告。总结报告提出:几年来,甲醇作为替代原煤和油气的燃料,在汽车、船舶、工业锅炉、采暖供热等领域的应用逐步开展,有较好的经济性和环境效益。

四、市场推广阶段(2019年以后)

2019年10月11日,中国汽车工业协会主办的"国际甲醇汽车及甲醇燃料应用大会"在重庆召开。被尊称为"甲醇部长"的何光远指出,中国发展甲醇汽车和甲醇燃料应用的时机已经成熟。经过60年来的努力,我国对甲醇汽车的发展和甲醇燃料的应用,已经出台了一系列相关技术标准。在液态阳光生产技术、装备及其应用技术等方面,均具有完全的核心自主知识产权。甲醇燃料是能够造福人类的液态阳光,是我们日常生活中最佳的能源伙伴。

2019年3月12日,工信部、发改委和科技部等八部门联合下发《关于在部分地区开展甲醇汽车应用的指导意见》提出,"强化甲醇汽车产业合理布局,加快完善产业政策、技术标准和市场应用保障体系,提高市场应用水平","加快甲醇汽车制造体系建设","鼓励和支持企业研发甲醇混合动力汽车、甲醇增程式电动汽车、甲醇燃料电池汽车产品","鼓励资源综合利用生产甲醇","探索捕获二氧化碳制备甲醇工艺技术及工程化应用"。文件还特别提出加快甲醇汽车科研成果转化及产业化应用。7月9日,工信部对十三届全国人大二次会议李书福等7位代表《关于推动甲醇燃料和甲醇汽车普及实现能源可持续发展的建议》(第6555号建议)的答复中指出:"甲醇作为车用替代燃料,具有低碳、氧含量高、辛烷值高的特性,有利于充分燃烧,可有效提升发动机功率。我国具有富煤、缺油、少气的资源禀赋特征,利用高硫煤、劣质煤等生产甲醇作为车用燃料,发展甲醇汽车,对实现能源多元化、改善能源结构、保障能源安全具有重要意义。"7月16日,工信部对十三届全国人大二次会议刘汉如等8名代表《关于在重型柴油车推广应用甲醇的建议》(第3775号建议)的答复中指出:"发展甲醇汽车符合我国国情,不仅有利于充分发挥我国煤炭资源优势、促进传统工业转型升级,而且有利于实现我国能源多元化、改善能源结构、保障能源安全,尤其是将甲醇应用于重型车辆上替代柴油，能大幅减少车辆尾气排放中的有害气体，对改善环境质量具有重要意义。"11月，为做好甲醇汽车推广应用工作，在政策咨询和技术指导方面发挥业内专家的作用，工信部牵头正式组建甲醇汽车推广应用专家指导委员会，为后续发展甲醇汽车的政策、行政管理、技术标准、市场准入规范和组织推广应用，提供指导和服务。

2020年11月10日，生态环境部发布《甲醇燃料汽车非常规污染物排放测量方法》，随后正式开通了机动车排放信息公开通道。由此，我国甲醇汽车的环保信息公开窗口正式向全社会开放。12月15日，工信部发布《关于调整甲醇汽车产品准入相关要求的通知》。同年，工信部分批次发布了甲醇乘用车、甲醇商用车、甲醇危化品运输车的整车公告。至此，我国甲醇汽车已经健全了政策许可、行政管理许可、技术标准许可、市场准入许可和运行保障许可的全体系通道，完成了技术链、产业链和供应链的建设。甲醇汽车的行政管理正式形成规范化闭环管理，进入了国家汽车产业管理范畴。甲醇汽车全面市场化终于提上日程，迈入快车道。

2021年9月，生态环境部正式受理甲醇汽车的环保认证，甲醇汽车被纳入国家汽车工业统一管理范畴。11月15日，工信部印发的《"十四五"工业绿色发展规划》提出，"大力发展和推广新能源汽车，促进甲醇汽车等替代燃料汽车推广"，"推进二氧化碳耦合制甲醇等技术的推广应用"。

2022年2月3日，发改委、工信部、生态环境部、国家能源局四部委发布《现代煤化工行业节能降碳改造升级实施指南》，就煤制甲醇等三个重点领域，明确了节能降碳工作方向和技术路径，提出了成熟工艺普及推广应用重点，将高效甲醇合成、节能型甲醇精馏、新一代甲醇制烯烃等技术纳入绿色技术工艺。7月29日，船用甲醇燃料动力等清洁能源和新能源动力的设计、研发，列入国家《鼓励外商投资产业目录（2022年版）》鼓励类第297项。9月28日，工信部等五部委联合发布《关于加快内河船舶绿色智能发展的实施意见》提出，到2025年，"甲醇、氢燃料等绿色动力关键技术取得突破"，"加快船用甲醇发动机研发"，"提升船用甲醇燃料电池功率范围和燃料转化效率，推动甲醇动力技术在货船等应用"，鼓励包括安徽在内的九个重点地区先行先试。

经过60年来的努力，我国在甲醇燃料生产技术和装备等方面，均具有完全的核心自主知识产权。随着甲醇燃料应用技术逐渐走向成熟化，甲醇燃料已广泛化、工程化、规模化、规范化应用于动力（车用和船用）和热力（锅窑炉和灶用）等领域，企业的数量和规模都已进入快速发展通道。2022年，国内甲醇燃料消费总量达到786.3万吨，主要由热力燃烧和车用燃料两大消费方向组成，其消费量分别为685.9万吨和100.4万吨，占总消费量的87.2%和12.8%。有"甲醇部长"之称的何光远指出，中国发展甲醇汽车和甲醇燃料应用的时机已经成熟。甲醇发展为大规模替代石油、煤炭清洁利用以及相关产业转型升级的清洁燃料，已经具备了充分的条件，可以有效地缓解国家能源安全的压力。

第三节　政策法规

1996年5月，原国家计委、原国家经贸委、原国家科委印发《中国节能技术政策大纲》提出，“积极发展褐煤煤电联营，采用改良温克勒气化技术，建立褐煤气化示范厂，生产甲醇、合成氨等化工产品”，“研究煤炭液化新工艺，近期开发煤制燃料甲醇技术，并建立商业性示范工程”。

2001 年 7 月，原国家经贸委在《关于发展甲醇燃料有关情况的报告》中建议，“选择煤资源丰富的山西省先行试点”。

2005 年 2 月 28 日通过的《中华人民共和国可再生能源法》（自 2010 年 4 月 1 日起施行）第十六条提出：“国家鼓励生产和利用生物液体燃料①。石油销售企业应当按照国务院能源主管部门或者省级人民政府的规定，将符合国家标准的生物液体燃料纳入其燃料销售体系。”

2006 年 7 月，发改委《关于加强煤化工项目建设管理促进产业健康发展的通知》（发改工业〔2006〕1350 号）提出，“以民用燃料和油品市场为导向，支持有条件的地区，采用先进煤气化技术和二步法二甲醚合成技术，建设大型甲醇和二甲醚生产基地，认真做好新型民用燃料和车用燃料使用试验和示范工作”，“稳步发展煤制油品、甲醇、二甲醚、烯烃等石油替代产品”。

2006 年 12 月，发改委、科技部印发的《中国节能技术政策大纲》提出，“发展褐煤气化技术，利用褐煤生产甲醇等化工产品”，“推广汽车替代燃料技术。因地制宜推广汽车利用天然气、醇类燃料、合成燃料和生物柴油等替代燃料技术，开发研究电动汽车、氢气汽车等新型动力”。

2019 年 3 月，工信部等八部门发布的《关于在部分地区开展甲醇汽车应用的指导意见》（工信部联节〔2019〕61 号）指出，“加快甲醇汽车制造体系建设”，“推进甲醇燃料生产及加注体系建设”，“实现甲醇燃料生产过程清洁化、高效化，促进甲醇燃料绿色发展”，“加快甲醇汽车标准体系建设”，“鼓励在有条件地区的公务、出租、短途客运等领域使用甲醇汽车。鼓励在有条件地区的市政车辆、专线物流运输等领域使用甲醇商用车”，“充分发挥行业组织作用，通过多种形式和渠道，大力宣传普及甲醇燃料及汽车知识，增强公众对甲醇燃料安全性、环保性的认识，形成甲醇汽车可持续发展的良好社会氛围”。

2020 年 12 月 15 日，工信部发布《关于调整甲醇汽车产品准入相关要求的通知》，使甲醇汽车正式进入国家汽车产业管理范畴。

2021 年 11 月 15 日，工信部印发的《“十四五”工业绿色发展规划》提出，“促进甲醇汽车等替代燃料汽车推广”，“推进二氧化碳耦合制甲醇等技术的推广应用”。

2022 年 2 月 3 日，发改委、工信部、生态环境部、国家能源局四部委关于发布《高耗能行业重点领域节能降碳改造升级实施指南（2022 年版）》的通知（发改产业〔2022〕200 号）中附件 4《现代煤化工行业节能降碳改造升级实施指南》，从绿色技术工艺、重大节能装备、能量系统优化、余热余压利用、公辅设施改造、废物综合利用、全过程精细化管控 7 个方面，提出了成熟工艺普及推广应用重点。绿色技术工艺，主要包括高效甲醇合成、节能型甲醇精馏、新一代甲醇制烯烃合成等技术。高效合成是煤化工各产品方向的特色技术。高效甲醇合成和节能型甲醇精馏、新一代甲醇制烯烃分别是煤制甲醇、煤制烯烃的关键合成技术。合成工艺

① 生物液体燃料，是指利用生物质资源生产的甲醇、乙醇和生物柴油等液体燃料。

技术进步、催化剂性能提升、反应条件优化等，均可以有效降低产品生产的能源消耗，促进碳减排。煤化工生产过程产生的二氧化碳浓度高达95%以上，可大幅降低捕集成本，有利于开展二氧化碳捕集、输送与封存示范。可适当研究开展二氧化碳制甲醇技术示范，打通技术瓶颈，摸索工程经验。到2025年，煤制甲醇、煤制烯烃、煤制乙二醇行业达到能效标杆水平以上产能比例分别为30%、50%、30%，基准水平以下产能基本实现清零。

2022年6月，中国船级社发布了《船舶应用甲醇/乙醇燃料指南》指导性文件(GUIDANCE NOTES GD16—2022)，2022年7月1日生效。为适应船舶应用甲醇/乙醇燃料的快速发展，中国船级社在评估国际海事组织(IMO)以MSC. 1-Circ. 1621号通函通过的《使用甲醇乙醇作为燃料的船舶安全暂行指南》的基础上，结合近年来的科研成果和行业发展现状，形成2022年版《船舶应用甲醇/乙醇燃料指南》。该指南生效后，取代中国船级社2017年版《船舶应用替代燃料指南》第1篇甲醇/乙醇部分。

2022年7月29日，发改委第22次委务会议审议通过和商务部审签，并经国务院同意，发布《鼓励外商投资产业目录(2022年版)》(自2023年1月1日起施行)，其中鼓励类第297项为：船用LNG双燃料动力、纯电池动力、氢燃料电池动力、甲醇燃料动力、氨燃料动力、生物质燃料动力等清洁能源和新能源动力的设计、研发。

2022年9月28日，工信部、发改委、财政部、生态环境部、交通运输部五部委联合发布的《关于加快内河船舶绿色智能发展的实施意见》(工信部联重装〔2022〕131号)中提出，“到2025年，液化天然气(LNG)、电池、甲醇、氢燃料等绿色动力关键技术取得突破，船舶装备智能技术水平明显提升，内河船舶绿色智能标准规范体系基本形成”，“到2030年，内河船舶绿色智能技术全面推广应用，配套基础设施、运营管理、商业模式等产业生态更加完善，标准化、系列化绿色智能船型实现批量建造，产业链供应链水平大幅提升，初步建立内河船舶现代产业体系”，“优先发展绿色动力技术”，“推动甲醇、氢等动力技术应用。加快船用甲醇发动机研发，降低甲醛等非常规污染物排放，提升船用甲醇燃料电池功率范围和燃料转化效率，推动甲醇动力技术在货船等应用”，“完善纯电池动力、甲醇、氢燃料等船舶技术规范，建立电动船舶充(换)电标准体系”，“加强组织实施”，“鼓励先行先试。深入落实京津冀协同发展、长江经济带发展、粤港澳大湾区建设等区域重大战略，鼓励江苏、浙江、安徽、福建、山东、湖北、广东、广西以及河北雄安新区等有条件的地方先行先试，集聚各类社会资源，扩大绿色智能船舶增量，优化传统燃油动力船舶存量，加强新能源和清洁能源内河船舶运营监管，提升内河船舶整体质量水平和能效等级，大幅度降低内河船舶污染排放，形成可复制、可推广、可持续的内河绿色智能船舶运营发展新模式”。

2022年10月4日，国务院安委会办公室《关于吉林省长春市“9·28”重大火灾事故情况的通报》(安委办函〔2022〕70号)指出，“各地区、各有关部门和单位要切实把确保人民生命安全放在第一位落到实处，在推广应用醇基燃料等新型燃料时，应配套建立相关设施管线安装、改造和燃料储存、使用环节的规范操作流程和管理制度，明确安全管理和使用责任”，“要组织地方执法力量进行集中检查整治，发现燃气企业和餐饮场所违规供应、储存、使用燃气和醇基燃料的，坚决依法严惩，严防引发事故”。

2023年1月3日，工信部、教育部、科技部、中国人民银行、中国银行保险监督管理委员会、国家能源局六部门《关于推动能源电子产业发展的指导意见》(工信部联电子〔2022〕181

号)专栏 2“新型储能电池产品及技术供给能力提升行动”中提出,“加快氢、甲醇、天然气等高效燃料电池研发和推广应用”。

2023 年 8 月 25 日,国家海事局发布首部《醇燃料动力船舶技术与检验暂行规则(2023)》(以下简称本规则)。为贯彻中华人民共和国相关法律和行政法规,保障水上人命财产安全、防止环境污染、保障船员的工作和生活条件,确保醇燃料(甲醇/乙醇)动力船舶符合安全和环保技术标准,制定本规则。本规则自 2023 年 10 月 1 日起施行,甲醇/乙醇燃料动力船舶的设计、建造、营运、检验和检测应符合本规则的相关规定。符合本规则的甲醇/乙醇燃料动力船舶,经检验合格后,船舶检验机构应签发或签署相应证书,并注明本规则名称;签发的证书应能供随时检查。

2023 年 12 月 26 日,工信部、发改委、财政部、生态环境部、交通运输部印发的《船舶制造业绿色发展行动纲要(2024—2030 年)》(工信部联重装〔2023〕254 号)提出,“到 2025 年,船舶制造业绿色发展体系初步构建。绿色船舶产品供应能力进一步提升,船用替代燃料和新能源技术应用与国际同步,液化天然气(LNG)、甲醇等绿色动力船舶国际市场份额超过 50%;骨干企业减污降碳工作取得明显成效,绿色制造水平有效提升,万元产值综合能耗较 2020 年下降 13.5%;绿色低碳标准体系进一步完善,碳足迹管理体系和绿色供应链管理体系初步建立”,“到 2030 年,船舶制造业绿色发展体系基本建成。绿色船舶产品形成完整谱系供应能力,绿色船舶技术具备国际先进水平,绿色船舶国际市场份额保持世界领先;骨干企业能源利用效率达到国际先进水平,形成一批具有国际先进水平的绿色示范企业,全面建成绿色供应链管理体系”。

2023 年 12 月 27 日,发改委令第 7 号《产业结构调整指导目录(2024 年版)》自 2024 年 2 月 1 日起施行,其中鼓励类包含:电解水制氢和二氧化碳催化合成绿色甲醇(“新能源”中“发电互补技术与应用”);燃料电池发动机(质量比功率≥350 W/kg),燃料电池堆(体积比功率≥3 kW/L)(“汽车”中“新能源汽车关键零部件”);LNG 动力、纯电动、燃料电池动力船舶等,甲醇燃料、氨燃料、生物质燃料等替代燃料动力船舶(“船舶及海洋工程装备”中“清洁能源和新能源船舶”);燃料电池等化学与物理电池(“信息产业”中“新型电子元器件制造”)等。

2024 年 1 月 10 日,上海海事局印发的《上海海事局水上甲醇燃料加注作业安全管理办法》中,第一条是“为规范上海海事局辖区甲醇燃料动力船舶水上加注作业活动,保障水上甲醇燃料加注作业安全,根据《上海市船舶污染防治条例》《船舶载运危险货物安全监督管理规定》等,制定本办法”。第二条是“本办法适用于上海海事局管辖水域内甲醇燃料动力船舶通过加注船、加注趸船、岸基加注站、槽罐加注车等方式进行水上甲醇燃料加注作业活动”。第三条是“上海海事局负责辖区水上甲醇燃料加注作业的统一管理,各分支海事局负责本辖区水上甲醇燃料加注作业安全监督管理工作”,“上海海事局和各分支海事局统称海事管理机构”。第二十八条是“本办法自 2024 年 3 月 1 日起施行,有效期五年”。

第四节　标准规范与协会典范

一、标准规范

我国政府一直高度重视甲醇燃料标准化工作，在生产和制备、包装和储存、运输和装卸、使用和事故处置等环节，先后制定了一系列国家、地方、行业和团体标准规范，通过发挥标准规范的基础性和引导性作用，推动甲醇燃料行业的健康发展。根据全国标准信息公共服务平台信息（截至 2024 年 3 月），将甲醇（醇基）燃料相关标准分类列出，见表 2-1～表 2-6。

表 2-1　甲醇(醇基)燃料相关国家标准

序号	标准号	标准名称	发布日期	实施日期
1	GB 16663—1996	醇基液体燃料	1996-12-19	1997-07-01
2	GB 338—2011	工业用甲醇	2011-12-05	2012-08-01
3	GB/T 23510—2009	车用燃料甲醇	2009-04-08	2009-11-01
4	GB/T 23799—2021	车用甲醇汽油（M85）	2021-10-11	2022-05-01
5	GB/T 42416—2023	M100 车用甲醇燃料	2023-05-23	2023-09-01
6	GB/T 42436—2023	M100 车用甲醇燃料添加剂	2023-05-23	2023-09-01
7	GB/T 41884—2022	车用甲醇燃料作业安全规范	2022-10-12	2022-10-12
8	GB/T 33983.1—2017	直接甲醇燃料电池系统　第 1 部分：安全	2017-07-31	2018-02-01
9	GB/T 33983.2—2017	直接甲醇燃料电池系统　第 2 部分：性能试验方法	2017-07-12	2018-02-01
10	GB 29436—2023	甲醇、乙二醇和二甲醚单位产品能源消耗限额	2023-11-27	2024-12-01
11	ASTM D5797-07	（美国标准）点燃式发动机用甲醇燃料 M70～M85	2007	2007

表 2-1 中有醇基燃料相关标准 1 个、甲醇燃料相关标准 10 个（其中美国标准 1 个）。

表 2-2　甲醇(醇基)燃料相关地方标准

序号	标准号	标准名称	省市区	实施日期
1	DB13/T 5742—2023	醇基燃料使用安全规范	河北省	2023-08-28
2	DB13/T 5053—2019	农村民用醇基燃料清洁取暖、炊事通用技术要求	河北省	2019-08-01

续表

序号	标准号	标准名称	省市区	实施日期
3	DB13/T 5029—2019	醇基燃料中甲醇含量的测定　气相色谱法　红外光谱法	河北省	2019-08-01
4	DB13/T 5028—2019	醇基燃料中总硫含量的测定　紫外荧光法	河北省	2019-08-01
5	DB13/T 2804—2018	醇基燃料民用锅炉通用技术条件	河北省	2018-08-16
6	DB22/T 3409—2022	餐饮用醇基液体燃料安全使用技术规范	吉林省	2022-10-14
7	DB43/T 1740—2020	稻草、玉米和油菜秸秆制备醇基燃料辐照处理技术规程	湖南省	2020-05-27
8	DB52/T 1206—2017	层燃燃煤锅炉改燃醇基燃料锅炉技术导则	贵州省	2018-01-18
9	DB14/T 2942—2023	锅炉用甲醇燃料应用指南	山西省	2024-03-25
10	DB14/T 2941—2023	车用甲醇燃料应用指南	山西省	2024-03-25
11	DB14/T 1321—2023	车用甲醇燃料储罐清洗作业规程	山西省	2023-08-19
12	DB14/T 747—2022	车用甲醇燃料作业规程	山西省	2022-04-10
13	DB14/T 2402—2022	锅炉用甲醇燃料作业规程	山西省	2022-04-10
14	DB14/T 1733—2018	锅炉用甲醇燃料通用技术要求	山西省	2018-10-10
15	DB14/T 1734—2018	锅炉用甲醇燃料储供设施技术条件	山西省	2018-10-10
16	DB14/T 1321—2016	车用甲醇燃料储罐清洗作业安全规范	山西省	2017-02-28
17	DB14/T 1066—2015	甲醇燃料调配规范	山西省	2015-09-25
18	DB14/T 1043—2015	车用 M85、M100 甲醇燃料加注站设计与施工规范	山西省	2015-04-15
19	DB14/T 747—2013	车用甲醇燃料作业安全规范	山西省	2013-08-10
20	DB31/T 633—2012	车用 M100 甲醇燃料加注站设计与施工规范	上海市	2013-02-01

表 2-2 中有醇基燃料相关标准 8 个、甲醇燃料相关标准 12 个。

表 2-3　甲醇(醇基)燃料相关团体标准

序号	团体名称	团体标准编号	团体标准名称	公布日期
1	安徽省甲醇燃料行业协会	T/AHJC 0005—2023	醇基清洁燃料	2023-11-02
2	安徽省甲醇燃料行业协会	T/AHJC 0004—2017	醇基清洁燃料行业安全操作规范	2018-01-05
3	甘肃省清洁能源行业协会	T/GSQN M85X007—2023	车用低比例醇基生物汽油　第 1 部分：ME10～ME25	2023-10-29

续表

序号	团 体 名 称	团体标准编号	团体标准名称	公布日期
4	甘肃省清洁能源行业协会	T/GSQN M85X003—2023	醇基液体燃料生物添加剂	2023-10-29
5	甘肃省清洁能源行业协会	T/GSQN 017—2023	压燃式醇基燃料	2023-05-18
6	甘肃省清洁能源行业协会	T/GSQN M85X.009—2021	车用高比例醇基生物汽油 第3部分：ME60～ME85	2022-01-18
7	甘肃省清洁能源行业协会	T/GSQN M85X.007—2020	车用低比例醇基生物汽油 第1部分：ME10～ME25	2020-12-25
8	甘肃省清洁能源行业协会	T/GSQN M85X.006—2020	醇基液体生物燃料组分油(MF85XO)	2020-12-25
9	甘肃省清洁能源行业协会	T/GSQN 015—2020	餐饮行业醇基生物燃料使用安全通用技术要求	2020-10-15
10	甘肃省清洁能源行业协会	T/GSQN 014—2020	醇基生物燃料通用技术要求	2020-09-25
11	甘肃省清洁能源行业协会	T/GSQJ M85X.005—2020	车用醇基生物柴油组分油(MD85XO)	2020-03-26
12	甘肃省清洁能源行业协会	T/GSQJ M85X.012—2019	炉用醇基液体生物燃料(MFD75～MFD85)	2019-03-29
13	甘肃省清洁能源行业协会	T/GSQJ M85X.011—2019	民用醇基液体生物燃料(MF75～MF85)	2019-03-29
14	甘肃省清洁能源行业协会	T/GSQJ M85X.010—2019	车用醇基生物柴油(MD10～MD30)	2019-03-29
15	甘肃省清洁能源行业协会	T/GSQJ M85X.008—2019	车用中比例醇基生物汽油 第2部分：ME30～ME55	2019-03-29
16	甘肃省清洁能源行业协会	T/GSQJ M85X.00—2019	车用醇基生物汽油组分油(ME85XO)	2019-03-29
17	甘肃省清洁能源行业协会	T/GSQJ M85X.003—2019	醇基液体燃料生物添加剂(MF85X)	2019-03-29
18	甘肃省清洁能源行业协会	T/GSQJ M85X.002—2019	车用醇基柴油生物添加剂(MD85X)	2019-03-29
19	甘肃省清洁能源行业协会	T/GSQJ M85X.001—2019	车用醇基汽油生物添加剂(ME85X)	2019-03-29

续表

序号	团体名称	团体标准编号	团体标准名称	公布日期
20	甘肃省新能源协会	T/GSNEA 001—2021	醇基液体燃料使用安全技术规范	2021-08-11
21	河南省消防协会	T/HNFPA 002—2023	餐饮行业用醇基液体燃料安全使用技术规范	2023-10-16
22	海南省质量检测行业协会	T/HNZLJC 004—2023	醇基液体燃料使用安全管理规范	2023-07-27
23	海南省质量检测行业协会	T/HNZLJC 002—2023	醇基液体燃料生产、储存安全管理规范	2023-07-27
24	海南省质量检测行业协会	T/HNZLJC 003—2023	醇基液体燃料经营安全管理规范	2023-07-27
25	海南省质量检测行业协会	T/HNZLJC 001—2023	醇基液体燃料	2023-07-27
26	山东省高端化工产业发展促进会	T/SDHCIA 020—2022	锅炉用醇基燃料	2022-01-30
27	贵州省安全生产协会	T/GZWSA C01—2022	贵州省醇基液体燃料应用安全技术规程	2022-01-24
28	陕西省石油和化学工业联合会	T/SXSH 002—2020	民用醇基燃料储运加注管理系统技术规范	2021-01-06
29	福建省甲醇清洁燃料燃具行业协会	T/FJCX 0001—2018	商用餐饮行业醇基液体燃料安全使用技术规范	2018-03-22
30	上海都市型工业协会	T/SHDSGY 186—2022	磷霉素氨丁三醇基因毒性杂质分析技术规程	2022-12-27
31	中国纺织工程学会	T/CTES 1052—2022	聚酯纤维原位聚合着色用乙二醇基色浆	2023-09-11
32	中国农村能源行业协会	T/CAREI 001—2021	民用醇基液体燃料安全技术规范	2021-11-19
33	中国石油和化学工业联合会	T/CPCIF 0024—2018	锅炉用醇基燃料储存和供液设施技术要求	2019-08-01
34	中国石油和化学工业联合会	T/CPCIF 0023—2018	锅炉用醇基燃料	2019-08-01
35	丹东市环境保护产业协会	T/DEPIA 003—2020	锅炉用醇基液体燃料通用技术要求	2020-03-16

续表

序号	团 体 名 称	团体标准编号	团体标准名称	公布日期
36	丹东市环境保护产业协会	T/DEPIA 004—2019	餐饮炉具用醇基液体燃料通用技术要求	2020-03-05
37	丹东市环境保护产业协会	T/DEPIA 002—2019	车用 M100 醇基液体燃料（汽车尾气清洁剂）	2020-01-04
38	大连市特种设备管理协会	T/DLSE 3—2019	灶用醇基液体燃料储存和供液设施技术要求	2019-10-23
39	大连市特种设备管理协会	T/DLSE 2—2019	锅炉用醇基液体燃料储存和供液设施技术要求	2019-10-23
40	大连市特种设备管理协会	T/DLSE 1—2019	锅炉用醇基液体燃料	2019-10-23
41	大连市标准化协会	T/DLAS 2—2019	锅炉用醇基液体燃料储存和供液设施技术要求	2019-08-09
42	大连市标准化协会	T/DLAS 1—2019	锅炉用醇基液体燃料	2019-08-09
43	大连市标准化协会	T/DLAS 3—2019	灶用醇基液体燃料储存和供液设施技术要求	2019-08-05
44	大连市标准化协会	T/DLA 51—2018	醇基燃料锅炉安装施工及验收规范	2018-12-29
45	中国石油流通协会	T/CPCAS 1—2023	船用甲醇燃料水上加注规程	2023-09-25
46	中国能源研究会	T/CERS 0004—2022	压燃式发动机用改性甲醇燃料	2022-03-22
47	中国能源研究会	T/CERS 0003—2022	点燃式发动机用改性甲醇燃料	2022-03-22
48	中国能源研究会	T/CERS 0002—2022	民用改性甲醇燃料	2022-03-22
49	中国能源研究会	T/CERS 0001—2022	工业用改性甲醇燃料	2022-03-22
50	中国电器工业协会	T/CEEIA 502—2021	直接甲醇燃料电池特定环境条件下性能试验方法	2021-06-09
51	贵州省化学工业协会	T/GZHX 001—2016	M100 车用甲醇燃料	2016-11-14

表 2-3 标准中，甘肃省 18 个，大连市 7 个，海南省和中国能源研究会各 4 个，丹东市 3 个，安徽省、贵州省、中国石油和化学工业联合会各 2 个，其他团体各 1 个。

表 2-4　甲醇(醇基)燃料相关行业标准

序号	标 准 号	标 准 名 称	行业	状态	实施日期
1	NB/SH/T 6000—2019	乙二醇基变流器冷却液	能源	现行	2020-05-01
2	NY/T 311—1997	醇基民用燃料	农业	废止	1997-09-01
3	NY/T 312—1997	醇基民用燃料灶具	农业	现行	1997-09-01
4	QC/T 1145—2021	柴油/甲醇双燃料发动机技术条件	汽车	现行	2021-07-01
5	QC/T 1146—2021	甲醇燃料发动机技术条件	汽车	现行	2021-07-01
6	QC/T 1150—2021	甲醇汽车燃料系统技术条件	汽车	现行	2021-07-01
7	QC/T 1151—2021	甲醇燃料汽车技术条件	汽车	现行	2021-07-01
8	HJ 1137—2020	甲醇燃料汽车非常规污染物排放测量方法	环保	现行	2020-11-10
9	NB/SH/T 0986—2019	汽油、柴油和甲醇燃料中总氧含量的测定 还原裂解法	能源	现行	2019-10-01
10	AQ/T 3002—2021	阻隔防爆撬装式汽车加油(气)装置技术要求	安全	现行	2005-10-01
11	SH/T 3134—2002	采用撬装式加油装置的汽车加油站技术规范	石化	现行	2003-03-01

表 2-4 中有醇基燃料相关标准 3 个、甲醇燃料相关标准 8 个。其中《醇基民用燃料》(NY/T 311—1997)已于 2006 年 9 月 4 日废止。

表 2-5　醇基(液体)燃料相关企业标准

序号	企 业 名 称	企业标准编号	企业标准名称	发布时间
1	河南超燃清洁能源有限公司	Q/HNCR 01—2008	Me20～Me45 车用醇醚汽油燃料	2008-09-28
2	河南超燃清洁能源有限公司	Q/HNCR 02—2008	Me70～Me85 车用醇醚汽油燃料	2008-09-28
3	泸县朝运醇基燃料有限公司	采用 GB 16663—1996	醇基液体燃料	1996-12-19
4	乌苏市海阁石化有限公司	Q/WSHG 003—2023	醇基液体燃料	2024-03-20
5	武威昶旭新能源产业有限公司	采用 GB 16663—1996	醇基液体燃料	2024-01-23
6	辽宁鑫升清洁能源开发有限公司	Q/LXS 0011—2023	燃料(醇基液体)	2023-04-21
7	安康市瑞佳新能源科技有限公司	Q/610900 RJ 001—2021	醇基燃料	2021-12-10

续表

序号	企业名称	企业标准编号	企业标准名称	发布时间
8	北京中醇清洁能源技术开发有限公司	Q/110105 BJZC 004—2021	醇基燃料	2021-05-24
9	大庆市红岗区坤源液化气有限公司	Q/KYYHQ 001—2017	醇基燃料	2017-12-13
10	德江县永佳环保燃油有限公司	Q/YJRL 011—2024	醇基燃料	2024-03-03
11	广西巨业科技发展有限公司	Q/450109 GXJY 003—2021	醇基燃料	2021-09-13
12	桂林东昇能源环保科技有限公司	Q/DSNY 0001S—2019	醇基燃料	2019-01-14
13	湖南加立减新能源科技有限公司	Q/JLJ 001—2019	醇基燃料	2019-03-13
14	霍城县宏腾能源科技有限公司	Q/HTNY 003—2021	醇基燃料	2021-08-12
15	吉林省望蓝新能源科技有限公司	Q/DWL 001—2018	醇基燃料	2018-11-16
16	辽宁明德实业有限公司	Q/MDSY 0001—2019	醇基燃料	2019-10-11
17	临澧临泰燃油有限公司	Q/LT 0628—2020	醇基燃料	2020-06-28
18	秦皇岛市环秦新能源科技有限公司	Q/HQ 01	醇基燃料	2018-07-17
19	山东鼎辉石油化工有限公司	Q/2308DH 001—2023	醇基燃料	2023-08-14
20	山东鑫绿洲新能源科技有限公司	Q/XLZ 001—2023	醇基燃料	2023-10-19
21	上海化工院天孚能源科技发展有限公司	Q31/0116000154C004	醇基燃料	2016-12-05
22	上海驿点供应链管理有限公司	Q/310115-SHYD02—2023	醇基燃料	2023-12-21
23	沈阳汇益通能源科技有限公司	Q/SHYT 002—2022	醇基燃料	2022-05-09
24	天能高科(北京)能源科技有限公司	Q/TN 2—2018	醇基燃料	2018-05-13

续表

序号	企业名称	企业标准编号	企业标准名称	发布时间
25	通辽市鑫燃新能源科技有限公司	Q/028099XRXN 001—2023	醇基燃料	2023-04-16
26	肇庆市天象新能源有限公司	Q/TXNY 1—2017	醇基燃料	2017-06-30
27	中晋新能源(山西)有限公司	Q/140623 ZJ 003—2021	醇基燃料	2021-09-15
28	中清能源科技(山东)有限公司	Q/ZQSD 001—2024	醇基燃料	2024-03-14
29	承德市清洁复合燃料厂	Q/CDQ 003—2024	醇基燃料(车用)	2024-01-21
30	福建合米投资管理有限公司	Q/CPHM 0169—2017	醇基清洁燃料	2017-03-28
31	抚顺市湘凡石油化工厂	Q/QB/LSHB—2017	醇基清洁燃料	2017-08-26
32	广西三久新能科技有限公司	Q/GXSJ 001—2020	醇基清洁燃料	2021-01-07
33	黑龙江雄韬伟业能源科技有限公司	Q/HXT 001—2019	醇基清洁燃料	2019-06-13
34	加立减(湖北)新能源科技有限公司	Q/JLJHB 001—2019	醇基清洁燃料	2021-10-25
35	叁久国际新能源科技有限公司	Q/SJGJ 001—2020	醇基清洁燃料	2020-04-15
36	山东凯利迪能源科技有限公司	Q/BZKLD 0001—2017	醇基清洁燃料	2017-05-23
37	山东凯利迪能源科技有限公司	Q/ZPKLD 0001—2017	醇基清洁燃料	2017-05-18
38	沈阳力生环保燃料有限公司	Q/QB/LSHB 04—2017	醇基清洁燃料	2017-04-20
39	天门加易减新能源科技有限公司	Q/JYJXNY 001—2020	醇基清洁燃料	2020-12-02
40	香河鑫阳环保科技有限公司	Q/CPHM 0169-2017—2017	醇基清洁燃料	2017-08-04
41	新疆合米能源有限公司	Q/CPHM 0169—2017	醇基清洁燃料	2017-04-14
42	山东泰基石化有限公司	Q/TJ 005—2020	醇基生物燃料	2020-12-08

续表

序号	企业名称	企业标准编号	企业标准名称	发布时间
43	淄博远达化工有限公司	Q/0305ZYD 004—2022	醇基生物燃料	2022-07-21
44	山东鼎辉石油化工有限公司	Q/DHSY 001—2024	清洁醇基燃料	2024-01-03
45	葫芦岛市连山区双龙醇基燃料有限公司	Q/HSY 01—2023	新型环保醇基燃料	2023-03-20
46	丰泰能源有限公司	Q/FTNY 002—2021	煤质醇基燃料	2021-10-27
47	广西东奇能源技术有限公司	Q/DQNY 002—2018	煤质醇基燃料	2020-01-16
48	平凉中力新能源科技有限责任公司	Q/PLZL 2—2016	醇基民用燃料	2018-04-24
49	厦门美双加新能源科技有限公司	Q/XMSJ 005—2019	民用醇基燃料	2019-07-05
50	全椒圣宝新能源科技有限公司	Q/QS 01—2017	改性醇基燃料	2017-08-30
51	桂林市淦隆环保科技有限公司	Q/GLHB 013—2022	工业醇基燃料	2022-06-16
52	开滦(集团)有限责任公司	Q/KL 157—2019	醇基锅炉燃料	2019-11-04
53	重庆市大为能源有限公司	Q/DW 3—2016	醇基混合燃料	2016-06-13
54	抚顺东科新能源科技有限公司	Q/FSDKX 02—2022	醇基混合液	2022-10-26
55	抚顺东科精细化工有限公司	Q/FDK 04—2020	醇基混合液	2020-03-17
56	山西佳新信达甲醇销售有限公司	Q/140700000000sxjxxdjxb0012016—2016	醇基燃料油	2019-03-22
57	甘肃桑田清洁能源开发有限公司	Q/STNY 004—2017	醇基油	2017-07-27
58	乐陵齐青化工有限公司	Q/371481BQQ 001—2016	醇基高碳醇	2016-12-14
59	山东邦迪化学制品股份有限公司	Q/370522SBD 001—2016	醇基高碳醇	2016-12-05
60	河北华茂伟业科技有限公司	Q/HHM 12—2018	醇基燃料助剂	2018-03-06

续表

序号	企业名称	企业标准编号	企业标准名称	发布时间
61	岳阳群泰化工科技开发有限责任公司	Q/YYQT 001—2023	醇基溶剂（工业粗醇）	2023-12-18
62	济宁南天农科化工有限公司	Q/0537/NTNK/04—2020	米糠蜡醇基脂肪醇消泡剂	2020-09-16
63	河南金耐源新材料科技有限公司	Q/JNY 002—2020	醇基铸钢涂料	2020-06-02
64	桂林市淦隆环保科技有限公司	Q/GLGL 001—2015	醇基燃料灶具	2017-07-17
65	重庆飞润新能源有限公司	Q/CQFR 001—2023	醇基燃料灶具	2023-05-26

在检索的100个醇基燃料企业标准中，现行有效的有65个。

表2-6 甲醇燃料相关企业标准

序号	企业名称	企业标准编号	企业标准名称	发布时间
1	贵州龙里鑫达贸易有限责任公司	Q/GZHX 001—2016	M100车用甲醇燃料	2023-03-16
2	亚能石化股份有限公司	Q/YN 004—2021	车用甲醇燃料（M100）	2021-10-09
3	广西三久新能科技有限公司	Q/GXSJ 002—2020	甲醇燃料（M85）	2021-01-07
4	叁久国际新能源科技有限公司	Q/SJGJ 002—2020	甲醇燃料（M85）	2020-04-15
5	玉溪健坤生物药业有限公司	Q/YJK 0008—2015	甲醇燃料（M70）	2019-11-19
6	蒲城清洁能源化工有限责任公司	Q/PH 0837—2021—2021	甲醇燃料	2021-09-09
7	庆阳畅驰新能源有限公司	Q/621000 CC 002—2022	甲醇燃料	2022-11-28
8	怀化中供能源有限公司	Q/418000HHZGNY 002—2022	甲醇燃料（碳氢油）	2022-09-03
9	东营金氏化工有限公司	Q/DYJS—2022	甲醇燃料油	2022-02-17
10	江西辉团能源科技有限公司	Q/HE. TS02003—2014	甲醇燃料油	2020-11-07

续表

序号	企业名称	企业标准编号	企业标准名称	发布时间
11	广东中恒粤能源科技有限公司	Q/441202ZHYNY 002—2023	车用清洁替代燃料（Q型甲醇燃料）	2023-11-03
12	湖南家尚通互通能源集团有限公司	Q/430121 JST 003—2021	D型甲醇燃料	2021-08-10
13	湖南家尚通互通能源集团有限公司	Q/430121 JST 004—2021	Y型甲醇燃料	2021-08-10
14	惠州市中旗新能源有限公司	Q/ZQ 1—2019	车用甲醇燃料	2019-09-02
15	慈利县能源公司万福加油站	采用 GB/T 23510—2009	车用燃料甲醇	2009-04-08
16	广西醇生醇基科技有限公司	采用 GB/T 23510—2009	车用燃料甲醇	2023-06-20
17	贵州黔晟新能源实业有限公司	采用 GB/T 23510—2009	车用燃料甲醇	2009-04-08
18	济南金正卡奇生化科技有限责任公司	采用 GB/T 23510—2009	车用燃料甲醇	2009-04-08
19	乐山中油新能源有限公司	Q/511126LSZY 001—2021	含氧车用甲醇燃料	2021-09-18
20	陕西澄城建宇新能源有限公司	Q/610525 JY 002—2023	含氧车用甲醇燃料	2023-05-18
21	洛南县新星新能源有限公司	Q/611021 XX 002—2022	富氧车用甲醇燃料	2022-03-03
22	广西巨业科技发展有限公司	Q/450109 GXJT 001—2021	车用甲醇燃料Q型	2021-09-16
23	加立减（湖北）新能源科技有限公司	Q/JLJHB 002—2021	甲醇清洁汽油燃料	2021-10-09
24	重庆盛科能源有限公司垫江分公司	Q/SKNYFGS 01—2021	甲醇清洁汽油燃料	2021-11-26
25	湖北国春环保燃料有限公司	Q/420324 GC 001—2019	车用清洁甲醇燃料	2019-01-27
26	乐山中油新能源有限公司	Q/511126LSZY 002—2021	车用清洁甲醇燃料	2021-09-18
27	陕西盛隆设备安装管理有限公司	Q/610100 SL 001—2019	车用清洁甲醇燃料	2019-08-05

续表

序号	企业名称	企业标准编号	企业标准名称	发布时间
28	汉阴县天和燃料有限公司	Q/610921TH 001—2018	清洁车用甲醇燃料	2022-08-19
29	洛南县新星新能源有限公司	Q/611021 XX 001—2022	清洁车用甲醇燃料	2022-03-03
30	山西中新能源发展有限公司	Q/140702 ZX 001—2023	清洁车用甲醇燃料	2023-12-26
31	陕西澄城建宇新能源有限公司	Q/610525 JY 001—2023	清洁车用甲醇燃料	2023-05-18
32	醇能(天津)能源科技有限责任公司	Q/022CNKJ 002—2022	高清洁车用甲醇燃料	2022-11-18
33	河北丰瑞新能源开发有限公司	Q/168178 FRNY 004—2023	高清洁车用甲醇燃料	2023-05-22
34	陕西安康汉江源新能源科技有限公司	Q/610900 HJY 001—2017	高清洁车用甲醇燃料	2022-03-16
35	浙江醇燃新能源有限公司	Q/0580CR 002—2023	高清洁车用甲醇燃料	2023-03-09
36	庆阳畅驰新能源有限公司	Q/621000 CC 001—2022	车用高清洁甲醇燃料	2022-11-28
37	齐鲁油源能源有限公司	Q/QLYY 0313—2023	氢能环保复合燃料(高清洁改性甲醇燃料)	2023-03-13
38	胜大能源建设河北有限公司	Q/SDNY 030801—2023	氢能环保复合燃料(高清洁改性甲醇燃料)	2023-03-08
39	科盟新能源科技(山东)有限公司	Q/KM 601—2020	车用环保复合燃料(改性甲醇燃料)	2020-06-09
40	科盟新能源科技(山东)有限公司	Q/KM 401—2020	车用环保复合燃料(改性甲醇燃料)	2020-04-24
41	济宁佰鑫能源科技有限公司	Q/BX 0313—2024	车用复合燃料-改性甲醇	2024-03-13
42	科盟新能源科技(山东)有限公司	Q//KMJT 605—2020	车用改性甲醇燃料	2020-06-30

续表

序号	企 业 名 称	企业标准编号	企业标准名称	发布时间
43	科盟新能源科技（山东）有限公司	Q/KM 021—2020	车用改性甲醇燃料	2020-03-31
44	油源美华（北京）新能源开发有限公司	Q/YYMH 02—2020	车用改性甲醇燃料	2020-04-01
45	油源美华（北京）新能源开发有限公司	Q/YYMH 0601—2021	改性甲醇燃料	2021-06-29
46	亚能石化股份有限公司	Q/YN 012—2022	车用变性燃料甲醇	2022-05-20
47	贵州黔晟新能源实业有限公司	Q/QS 02—2012	变性燃料甲醇	2015-07-13
48	江苏绿辰华顿新能源有限公司	Q/320324AEB 03—2015	变性燃料甲醇	2015-08-06
49	北京神彩泛亚科技有限公司	Q/DXSCF 0011—2023	M100 甲醇燃料增效	2023-07-03
50	醇能（天津）能源科技有限责任公司	Q/022CNKJ 003—2022	车用甲醇燃料添加剂	2022-11-18
51	山东科信石油化工有限公司	Q/371425HKX 030—2023	车用甲醇燃料添加剂	2023-07-31
52	贵州龙和能源有限责任公司	Q/520000GZ-LHNY04—2021	D 型甲醇燃料添加剂	2023-02-21
53	屏南中源新能源科技有限公司	Q/PNZY 004—2019	醇烃复合燃料（低甲醇工业燃料油）	2019-03-21
54	博观（重庆）清洁能源有限公司	Q/BG 01—2022	工业用改性甲醇燃料	2022-11-17
55	河南渤海能源有限公司	Q/HNBH 002—2023	工业用改性甲醇燃料	2023-06-29
56	广东三和化工科技有限公司	Q/SHKJ 052—2024	甲醇燃料专用机油	2024-01-02
57	广东三和控股有限公司	Q/NSD 052—2017	甲醇燃料专用机油	2017-12-20
58	广东省羽嘉能源控股有限公司	Q/YJNY 001—2023	绿色甲醇合成燃料	2023-12-31
59	河北一桶油科技有限公司	Q/HBYTY 001—2023	绿色甲醇合成燃料	2023-12-19

续表

序号	企业名称	企业标准编号	企业标准名称	发布时间
60	山东鼎辉石油化工有限公司	Q/DHSY 002—2024	绿色甲醇合成燃料	2024-01-04
61	中清能源科技(山东)有限公司	Q/ZQSD 002—2024	绿色甲醇合成燃料	2024-03-14
62	中营能源(武汉)有限公司	Q/ZYNY 001—2023	绿色甲醇合成燃料	2024-01-05
63	金玖洲新能源有限公司	Q/430412JJZ 003—2022	生物甲醇燃料	2022-07-04
64	荆州市圣强化工有限公司	Q/JSQ 001—2016	甲醇固化燃料	2016-11-24
65	博观(重庆)清洁能源有限公司	Q/BG 02—2022	民用改性甲醇燃料	2022-11-17
66	河南渤海能源有限公司	Q/HNBH 003—2023	民用改性甲醇燃料	2023-06-29
67	科盟新能源科技(山东)有限公司	Q/KM 402—2020	民用改性甲醇燃料	2020-04-21
68	胜大能源建设河北有限公司	Q/SDNY 030803—2023	改性甲醇(醇基液体燃料)	2023-03-08
69	贵阳市修文县皖黔能源开发技术有限公司	Q/WQNY-001—2022	餐饮用甲醇燃料	2022-01-05
70	厦门鑫烨盛能源科技有限公司	Q/XXYS 008—2017	商业厨房燃料甲醇	2017-11-28
71	厦门唯越思智能科技有限公司	Q/XWYS 004—2019	中餐甲醇燃料炒菜灶	2019-09-20
72	福建大为能源有限公司	Q/FJDW 004—2021	甲醇燃料专用热风换热器技术条件	2021-11-19
73	辽宁汇达峰热能科技有限公司	Q/HHDF 01—2021	甲醇燃料采暖炉	2021-07-03
74	安顺市西秀区昌林炉具厂	Q/ASCL 002—2024	甲醇燃料炊事取暖炉具	2024-01-28
75	汉马科技集团股份有限公司	Q/HL 115—2021	甲醇燃料发动机技术条件	2021-12-15
76	营口福泰科技有限责任公司	Q/FTJ 011—2016	甲醇燃料发动机技术条件	2022-07-12
77	葫芦岛市连山区澳巨源清洁燃料有限公司	Q/HAJ 03—2023	锅炉用甲醇燃料通用技术	2023-05-24

在检索的 100 个甲醇燃料企业标准中，现行有效的有 77 个。

甲醇(醇基)燃料相关企业标准省市区分布如图 2-1～图 2-3 所示。

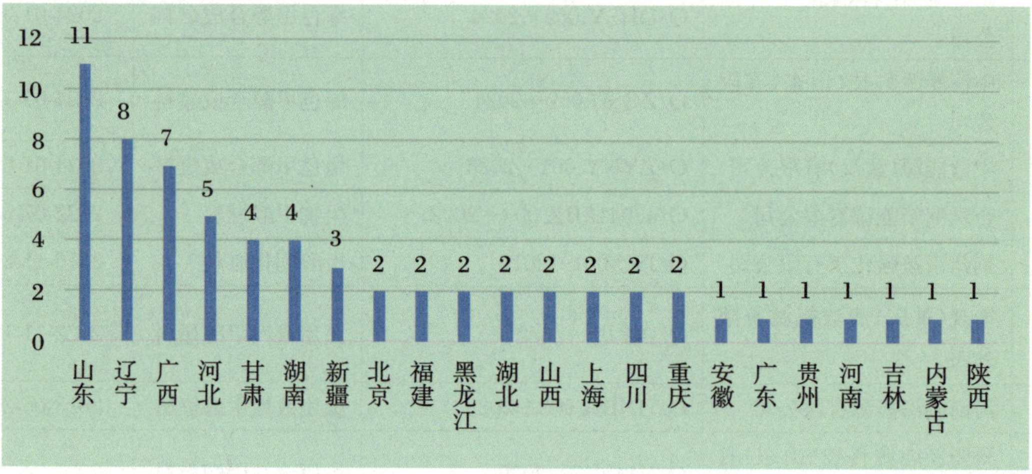

图 2-1　醇基燃料相关企业标准省市区分布

醇基燃料相关企业标准分布在 22 个省市区，其中前 7 位共有标准 42 个，占 64.6%。

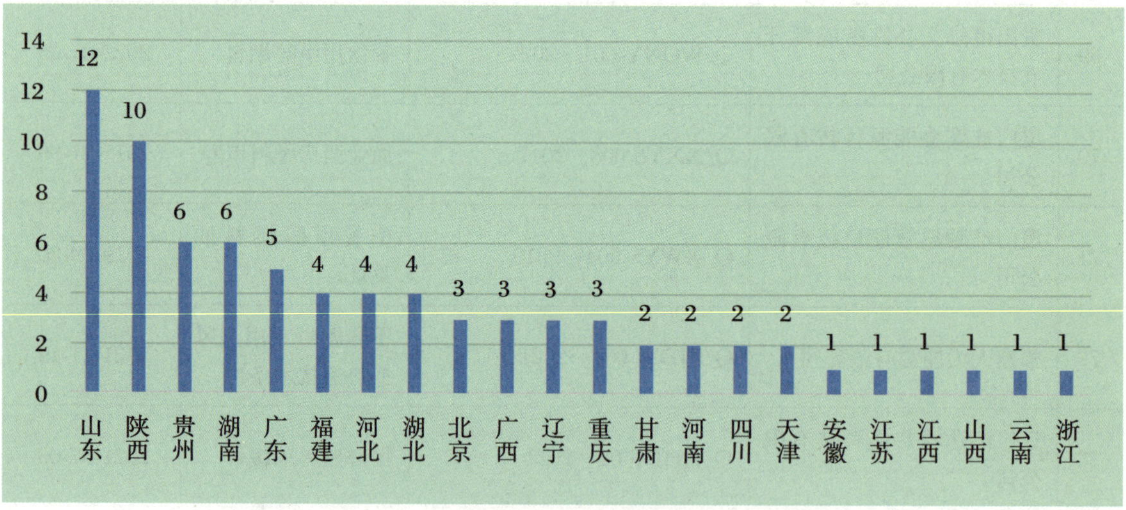

图 2-2　甲醇燃料相关企业标准省市区分布

甲醇燃料相关企业标准分布在 22 个省市区，其中前 8 位共有标准 51 个，占 66.2%。

213 个甲醇(醇基)燃料相关地方、团体和企业标准，分布在 28 个省市区和 6 个全国性学会、协会、研究会、联合会。其中前 9 个省份的标准数都在 10 个及以上，该 9 个省共有标准 140 个，占 65.7%。甘肃与山东并列第一(均为 24 个)。

工信部、海事局、船级社相关法规规范见表 2-7。

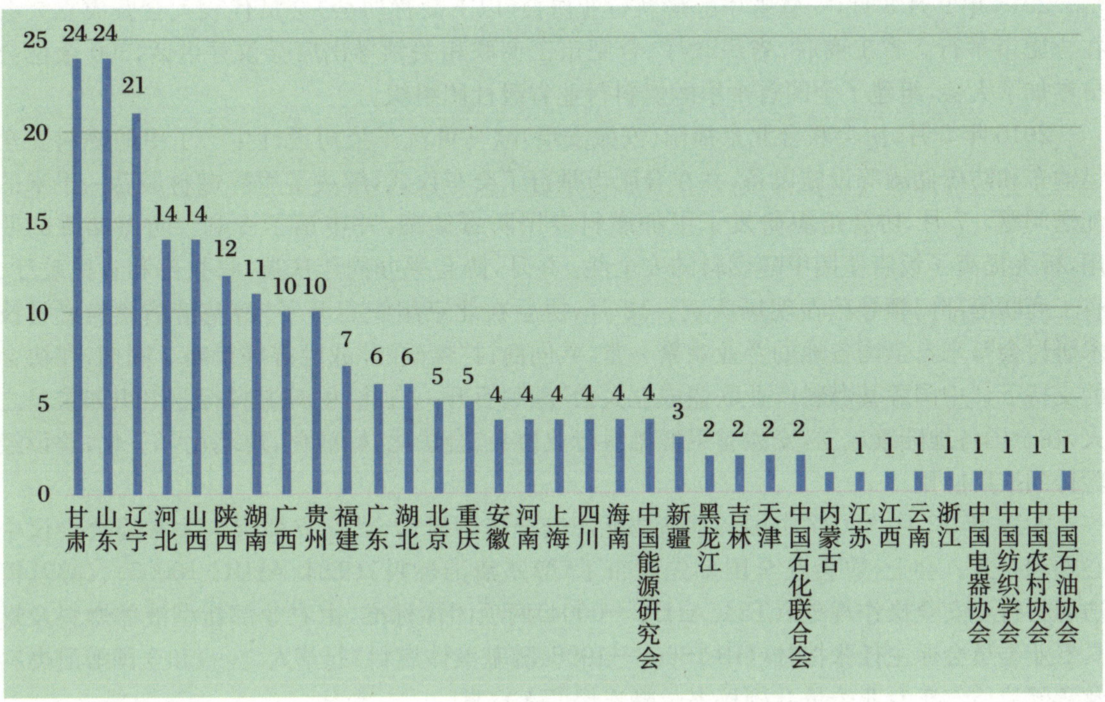

图 2-3　甲醇(醇基)燃料相关地方、团体和企业标准省市区分布

表 2-7　工信部、海事局、船级社相关法规规范

序号	标准规范名称	分类	文号或生效日期	发布部门和单位
1	关于印发《车用甲醇燃料加注站建设规范》和《车用甲醇燃料作业安全规范》的通知	规范	工信厅节〔2015〕129 号	工信部办公厅
2	醇燃料动力船舶技术与检验暂行规则	法规	2023 年 10 月 1 日起施行	中华人民共和国海事局
3	水上甲醇燃料加注作业安全管理办法	规范	2024 年 3 月 1 日起施行	上海海事局
4	内河船舶入级规则	规范指南	2022 年 7 月 1 日生效	中国船级社
5	船舶应用甲醇/乙醇燃料指南(指导性文件)		2022 年 7 月 1 日生效	
6	船舶甲醇燃料加注作业指南(指导性文件)		2023 年 5 月 1 日生效	
7	甲醇燃料加注船舶指南(指导性文件)		2023 年 10 月 1 日生效	
8	内河绿色船舶规范		2023 年 5 月 1 日生效	

表 2-7 中，第 1 个是关于车用甲醇燃料的行业规范，其他 7 个是关于船用甲醇燃料的技术法规和规范指南。

二、协会典范

全国相关社会组织高度重视甲醇燃料标准规范工作，安徽省甲醇燃料行业协会(全国同行业首个省级协会)也做了很多重要工作。

2015 年 9 月 8 日，安徽省甲醇燃料行业协会（以下简称协会）会员代表大会暨成立大会在合肥市举行。省工商联、省民政厅、合肥市工商联相关领导出席会议并讲话，300 余位会员参加了大会，组建了全国首个甲醇燃料行业省级社团组织。

2016 年 3 月，协会联合北京福田（安徽安瑞）欧马可汽车公司设计生产了甲醇燃料安全运输车和防爆储罐等设施设备，并在合肥市举行了交车仪式，解决了甲醇燃料最后一千米的配送问题。7 月，协会组织研发了甲醇燃料专用防爆储罐，并申请了专利。防爆储罐的使用，极大提高了饭店使用甲醇燃料的安全性。9 月，协会举办周年庆典，科技部和省民政厅、省工商联等部门领导莅临现场庆贺。12 月，协会在北京组织召开了“醇基清洁燃料燃具技术研讨会”，来自全国各地的企业欢聚一堂，共同商讨“煤改醇”战胜雾霾策略。同期，在协会的支持下，“中国醇基燃料产业联盟成立大会”顺利召开。自此，甲醇燃料行业组织如星星之火，在全国各地陆续成立，安徽省甲醇燃料行业协会“合法化、标准化、规范化”（三化）建设经验得到推广应用。

2017 年 12 月，“2017 中国醇基清洁能源安全应用研讨会”在安徽省人大常委会会议中心顺利召开。会上，协会在全国率先发布了《醇基清洁燃料》（T34/AHJC—0005）、《醇基清洁燃料行业安全操作规范》（T34/AHJC—0004）两项团体标准，由农业部新型液体燃料及燃具专业委员会原主任张榕林（GB 16663—1996《醇基液体燃料》起草人之一）和全国醇醚燃料及醇醚清洁汽车专业委员会副秘书长降连保两人宣贯。

2018 年 5 月，协会在黄山市主办了“安徽省甲醇燃料行业协会醇基清洁燃料团体标准培训会”，会议提出了“共振产生力量，品牌引导发展”的行业发展理念。9 月，由协会协办的“2018 中国醇醚燃料及醇醚汽车发展大会暨灶用醇基燃料规范应用现场观摩会”在合肥召开，副会长（所在单位为安徽圣宝新能源科技有限公司）在会上做了《新时代，新能源》主题报告，参会代表参观了圣宝公司全椒醇基燃料调配和充装基地，以及圣宝公司的产品技术展示中心、技术研发检测中心和远程监控管理中心，就民用醇基燃料及灶具等配套设施的最新技术进展进行了深入交流。12 月，安徽省社会组织管理局专家组对协会进行实地评估，专家组从基础条件、内部治理、工作绩效、社会评价四大方面 144 条指标对协会进行全面检查、评价，协会被评为“AA”级社会组织。

2019 年 3 月，协会组织相关会员单位迈出国门，参加日本国际环境保护展览会，开展国际交流。4 月，协会在黄山市举办了第二期甲醇（醇基）清洁燃料团体标准培训会，会上提出了“守正创新是行业发展之道”的行业发展理念。6 月，化学工业出版社出版了冯向法和协会会长钱奕舟合作编著的《醇基清洁燃料》，该书从醇基清洁燃料的基础理论知识、性能改良、标准等 9 个方面进行全方位的介绍，为从业人员提供方向和指导。

2020 年 8 月，副会长单位合肥中科威能安全技术有限公司开发的甲醇燃料安全智能监控管理系统获得部级科技成果鉴定。9 月，协会支持举办了“2020 中国甲醇醇基燃料产业大会”。会议由天门市人民政府主办，天门市市场监督管理局、应急管理局、招商局等六部门现场指导。钱奕舟会长在大会上做了《浅谈中国特色新能源经济体系与行业发展——甲醇经济》主题报告，并携会员单位介绍了最新研发的醇基生物燃料及配套使用产品，为农村能源发展的多样性及行业发展方向提供了新思路。

2021 年 4 月，协会和甲醇时代联合举办了第 18 期《醇基生物燃料》专题培训会。钱奕舟会长带领学员在实验室展厅进行现场教学，学员们积极参与，探讨交流有关醇基生物燃料的调配技术。5月，许桂宝撰写《做大做强我省甲醇燃料产业　占领碳中和技术制高点》一文，并通过九三学社安徽省委参政议政平台，向中共安徽省委、安徽省人民政府建言献策；12月，《做大做强甲醇燃料产业　创新发展液态阳光经济》一文，形成九三学社安徽省委提交给安徽省政协十二届五次会议的大会发言材料和党派集体提案，并先后得到安徽省经济和信息化厅、安徽省科学技术厅、安徽省发展和改革委员会的肯定答复。

2022年3月，协会与山东赛孚新能源科技股份有限公司、广西田东泰鑫石油化工有限公司建立技术合作，车用甲醇燃料技术得到应用和推广。5月，由协会特聘顾问、九三学社安徽省委社会经济委员会副主任许桂宝代表九三学社安徽省委，在九三学社中央委员会举办的第十七届“九三论坛”上做“加速推动液态阳光科技创新　助力‘双碳’目标实现”口头发言，发言内容得到全国人大常委会副委员长、九三学社中央主席武维华的高度关注。11月，协会组织3家企业，参加了安徽省碳达峰碳中和工作领导小组办公室发起的“安徽省低碳应用场景评选”活动。12月，许桂宝撰写的《关于加快形成我省绿色智能甲醇船舶运营发展新模式的建议》一文，形成九三学社安徽省委提交给安徽省政协十三届一次会议的党派集体提案，得到安徽省经济和信息化厅的肯定答复。

2023年3月，协会接受了合肥市安全生产委员会的行业调研，提供了业内相关数据和行业安全管理方案；成立了安全管理团队，为行业安全发展保驾护航；完成了《民用醇基液体燃料安全技术规程(征求意见稿)》安徽省地方标准(草案)起草和送审工作。4月，对《船用甲醇燃料加注规程》(中国石油流通协会团体标准：T/CPCAS 1—2023)提交了修改意见。7月，向安徽省经信厅提交了《关于开展安徽省绿色智能甲醇动力船舶先行先试的建议》。11月，组织编写完成了《船用甲醇燃料(内河)》推荐性国家标准项目申报书和标准草案，并上报全国醇醚燃料标准化技术委员会。12月，组织编制了《安徽省开展甲醇动力船舶先行先试实施方案》，先后上报省经信厅和省海事中心。

2024年2月1日，山东国家标准技术审评中心在济南市召开国家标准立项评估视频答辩会，全国醇醚燃料标准化技术委员会申报的《船用甲醇燃料(内河)》(2023004312，由协会牵头编制)、《低碳甲醇、绿色甲醇标准与评价方法》(2023004319)、《车用甲醇燃料应用指南》(2023004372)、《热力燃烧用甲醇燃料》(2023004374)4个项目参与了视频答辩，协会钱奕舟、许桂宝、熊平、汪示兴、汪海陆出席了视频答辩会。

第三章

技术为大

本章主要介绍我国液态阳光甲醇燃料产业以技术为大，在甲醇制备工艺、甲醇燃料电池、动力燃烧领域和热力燃烧领域结下的累累硕果。

第一节　甲醇制备工艺

一、煤制甲醇工艺

煤是世界上最丰富的化石资源，它的种类包括褐煤、烟煤和无烟煤。煤分类国际标准(ISO 11760)根据煤的变质程度(镜质组反射率)将煤分为三大类：

① 低阶煤(褐煤和次烟煤)：煤层水分≤75%，且 R_r＜0.5%；

② 中阶煤(烟煤)：0.5%≤R_r＜2.0%；

③ 高阶煤(无烟煤)：2.0%≤R_r＜6.0%或(R_{max}≤8.0%)。

我国煤炭资源丰富、种类较多，在现有探明储量中，无烟煤占 12%、烟煤占 62%、褐煤占 13%，未分类煤占 13%，见表 3-1。

表 3-1　煤炭分类(GB/T 5751—2009,ISO 11760—2005)

类别				储量分布(未分类占 13%)	代号	编码	分类指标(GB/T 5751—2009)							国际煤分类
							干燥无灰基挥发分 V_{daf}/%	烟煤的黏结指数 $G_{R\cdot I}$(简记 G)	烟煤的胶质层最大厚度 Y/mm	烟煤的奥阿膨胀度 b/%	低煤阶煤透光率 P_M/%	恒温无灰基高位发热量 $Q_{gr,maf}$/(MJ/kg)	干燥无灰基氢含量 H_{daf}/%	
动力、化工煤		无烟煤	一号	12%	WY1	01	≤3.5						≤2.0	高阶煤
			二号		WY2	02	>3.5~6.5						>2.0~3.0	
			三号		WY3	03	>6.5~10.0						>3.0	
		烟煤	贫煤	6%	PM	11	>10.0~20.0	≤5						中阶煤
			贫瘦煤		PS	12	>10.0~20.0	>5~20						
	炼焦煤		瘦煤	4%	SM	13	>10.0~20.0	>20~50						
						14	>10.0~20.0	>50~65						
			焦煤	10%	JM	15	>10.0~20.0	>65	≤25.0	≤150				
						24	>20.0~28.0	>50~65						
						25	>10.0~28.0	>65	≤25.0	≤150				
			肥煤	14%	FM	16	>10.0~20.0	>85	>25.0	> 150				
						26	>20.0~28.0							
						36	>28.0~37.0							
			1/3 焦煤		1/3 JM	35	>28.0~37.0	>65	≤25.0	≤220				
			气肥煤		QF	46	>37.0	>85	>25.0	> 220				
			气煤		QM	34	>28.0~37.0	>50~65	≤25.0	≤220				
						43	>37.0	>30~50						
						44	>.37.0	>50~65						
						45	>37.0	>65						
动力、化工煤			1/2 中黏煤	2%	1/2 ZN	23	>20.0~28.0	>30~50						
						33	>28.0~37.0							
			弱黏煤		RN	22	>20.0~28.0	>5~30						
						32	>28.0~37.0							
			不黏煤	13%	BN	21	>20.0~28.0	≤5						
						31	>28.0~37.0							
			长焰煤(次烟煤)	13%	CY	41	>37.0	≤35						
						42	>37.0	>5~35						
		褐煤	一号	13%	HM1	51	>37.0				≤30	—		低阶煤
			二号		HM2	52	>37.0				>30~50	≤24		

世界上的煤炭总储量有10.7万亿吨，其中褐煤储量2.6万亿吨，烟煤和无烟煤储量8.1万亿吨。拥有煤炭资源的国家大约有70个，美国以2373亿吨探明储量坐头号席位，俄罗斯以1570亿吨探明储量排第2位，中国和澳大利亚分别以1145亿吨和764亿吨探明储量排第3、4位。不同种类的煤都可以用来生产甲醇，但一般以具有中低灰分、低硫分的贫瘦煤、气煤、无烟煤和褐煤等为原料生产甲醇。其中，气煤是生产甲醇的首选原料之一，因其具有较高的甲烷含量和较低的灰分和硫分含量，质量比较优良，更适于甲醇生产的需要。此外，还可以通过对煤的深度加工，例如焦化煤气、间接液化等，来生产甲醇。煤制甲醇过程中的高浓度CO_2可以收集再生甲醇，实现资源综合利用，如此循环利用，就是现代发展的"液态阳光经济"甲醇燃料。

我国是世界上最大的煤制甲醇生产国，甲醇生产有81%来自煤炭(国外由天然气制甲醇占比超过90%)。煤制甲醇是我国煤炭转化中占比最高的板块，产能占比已经高达71.25%。煤制甲醇企业年产能超过50万吨的占比超过7成，百万吨级以上的占比近5成。煤制甲醇工艺分为煤直接气化制甲醇(又称单醇生产)、焦炉气制甲醇(以煤焦化产生的焦炉煤气为原料)、氨醇联产制甲醇(以合成氨生产中需要清除的CO、CO_2及原料气中的H_2为原料)三大类。煤制甲醇各工序采用的技术不同，资源、能源利用效率和污染物排放差异较大，这种差异在煤气化工序中表现得最为明显。煤气化技术主要分为固定床、流化床、气流床三种。固定床煤直接气化制甲醇和氨醇联产是传统的煤制甲醇生产工艺；以水煤浆、粉煤气化为代表的气流床气化技术是新型的煤制甲醇生产工艺，如图3-1～图3-7所示。

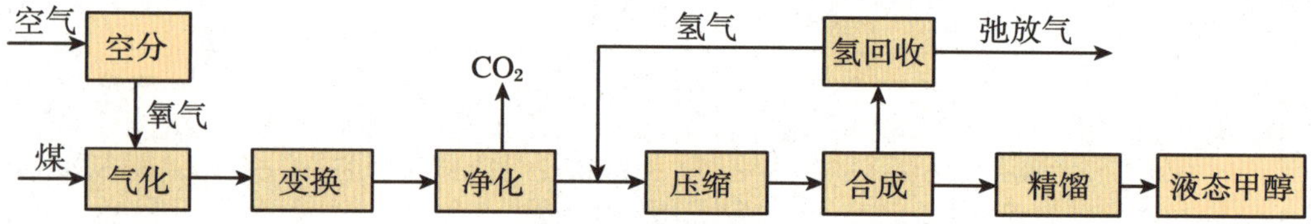

图3-1　煤制甲醇工艺

甲醇合成工艺技术以催化剂和反应器为核心。国内年产百万吨级及以上的大甲醇装置，基本都采用国外工艺包，主要是庄信万丰、托普索、鲁奇(科莱恩催化剂)和卡萨利(国产催化剂，国内目前从事甲醇催化剂生产和研发的主要有西南化工、南化院和大连瑞克)等。国内中小型甲醇合成技术主要在华东理工大学、杭州林达、南京国昌、湖南安淳等。

二、气制甲醇工艺

气制甲醇主要指天然气制甲醇。根据2012年10月14日发改委令第15号《天然气利用政策》，"天然气是指国产天然气、页岩气、煤层气(煤矿瓦斯)、煤制气、进口管道天然气和液化天然气(LNG)等"。

2022年6月23日，海南省生态环境厅受理海洋石油富岛有限公司120万吨/年富CO_2天然气制甲醇项目的建设项目环境影响评价文件。该项目建设地点位于海南省东方市，建设期为30个月，总投资为308958万元，新增环保投资6418万元，占总投资的2.07%。项目工艺流程以一段转化流程+单塔合成流程为基础进行设计，以富CO_2天然气为原料，采用干法脱硫、天然气饱和流程、一段蒸汽转化、高压蒸汽透平驱动的离心式压缩机压缩、单台蒸汽上升式合成塔合成甲醇、三塔精馏制取精甲醇的工艺流程。如图 3-8 所示。1 吨甲醇耗用天然气 760 立方米，即天然气 543 千克可转化成甲醇 1000 千克，增重 84.16%。因此，甲醇燃料汽车比采用压缩天然气做功的效率大幅提高。

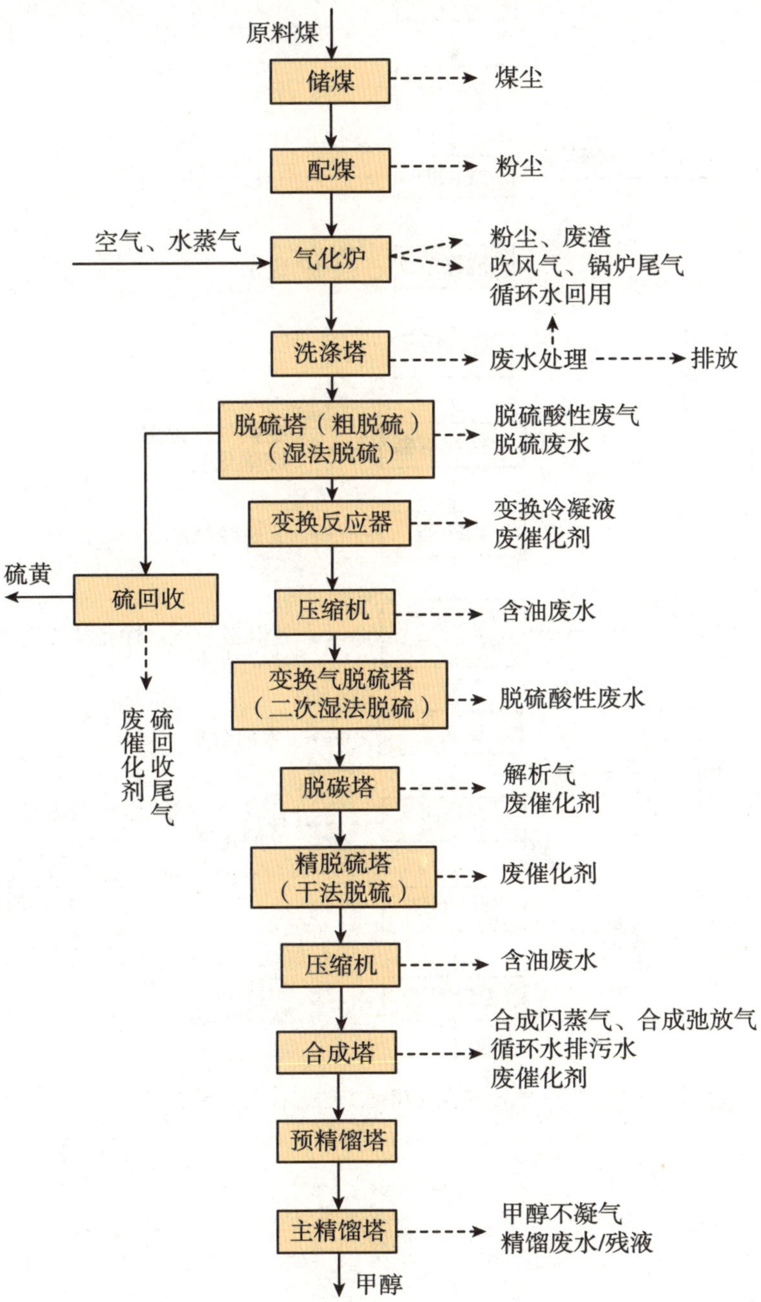

图 3-2　固定床煤制甲醇工艺流程及产污节点

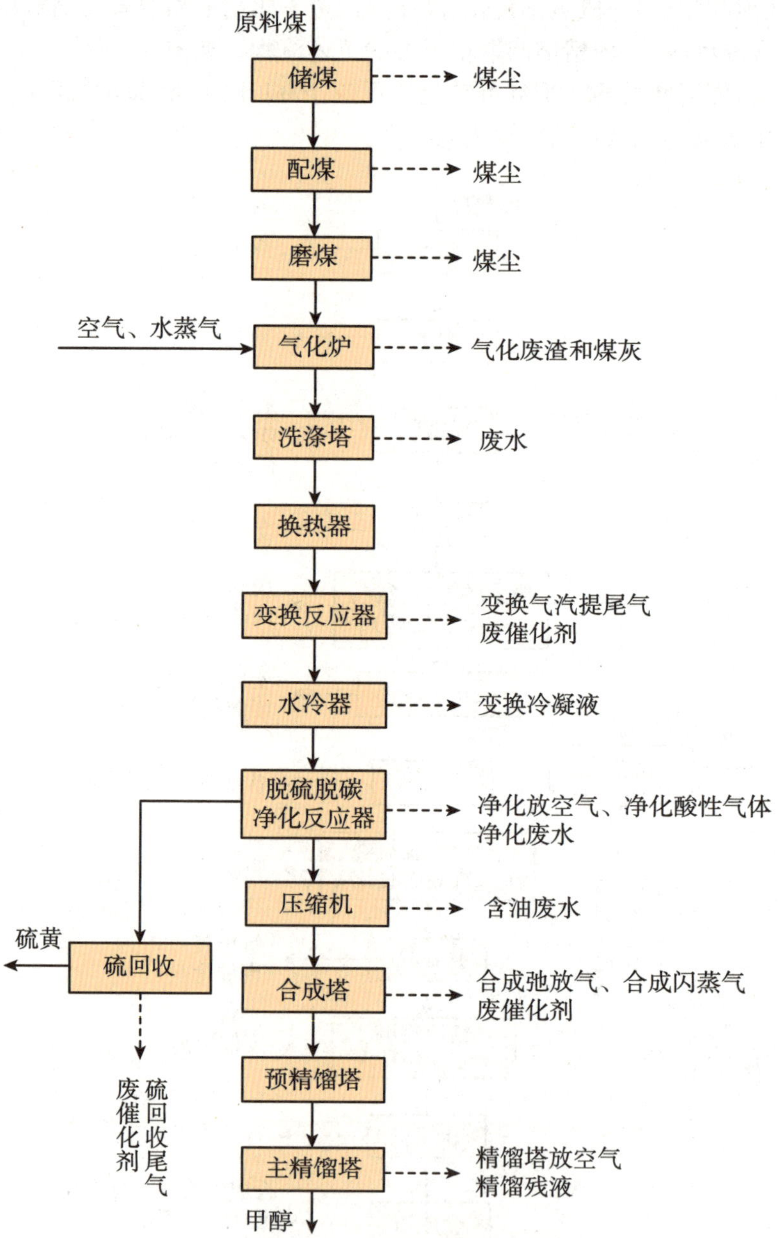

图 3-3　气流床煤制甲醇工艺流程及产污节点

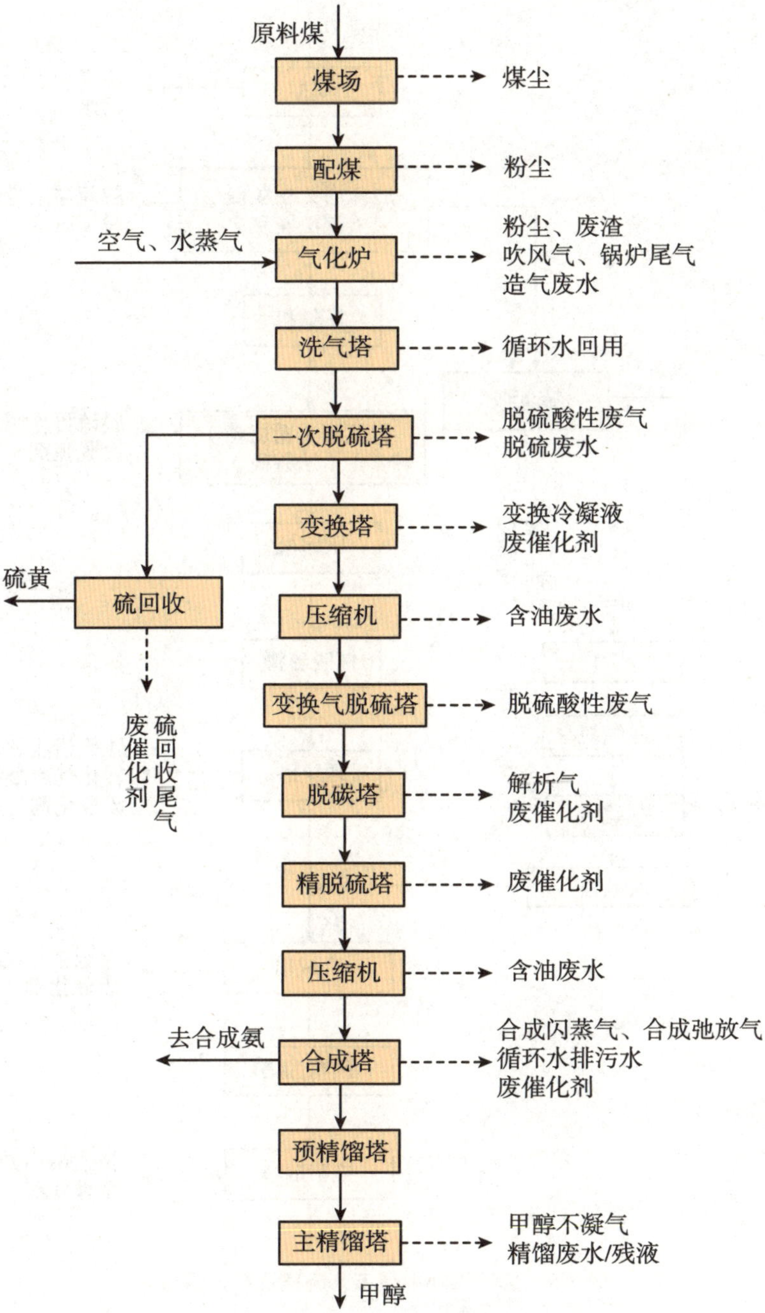

图 3-4　氨醇联产工艺流程及产污节点

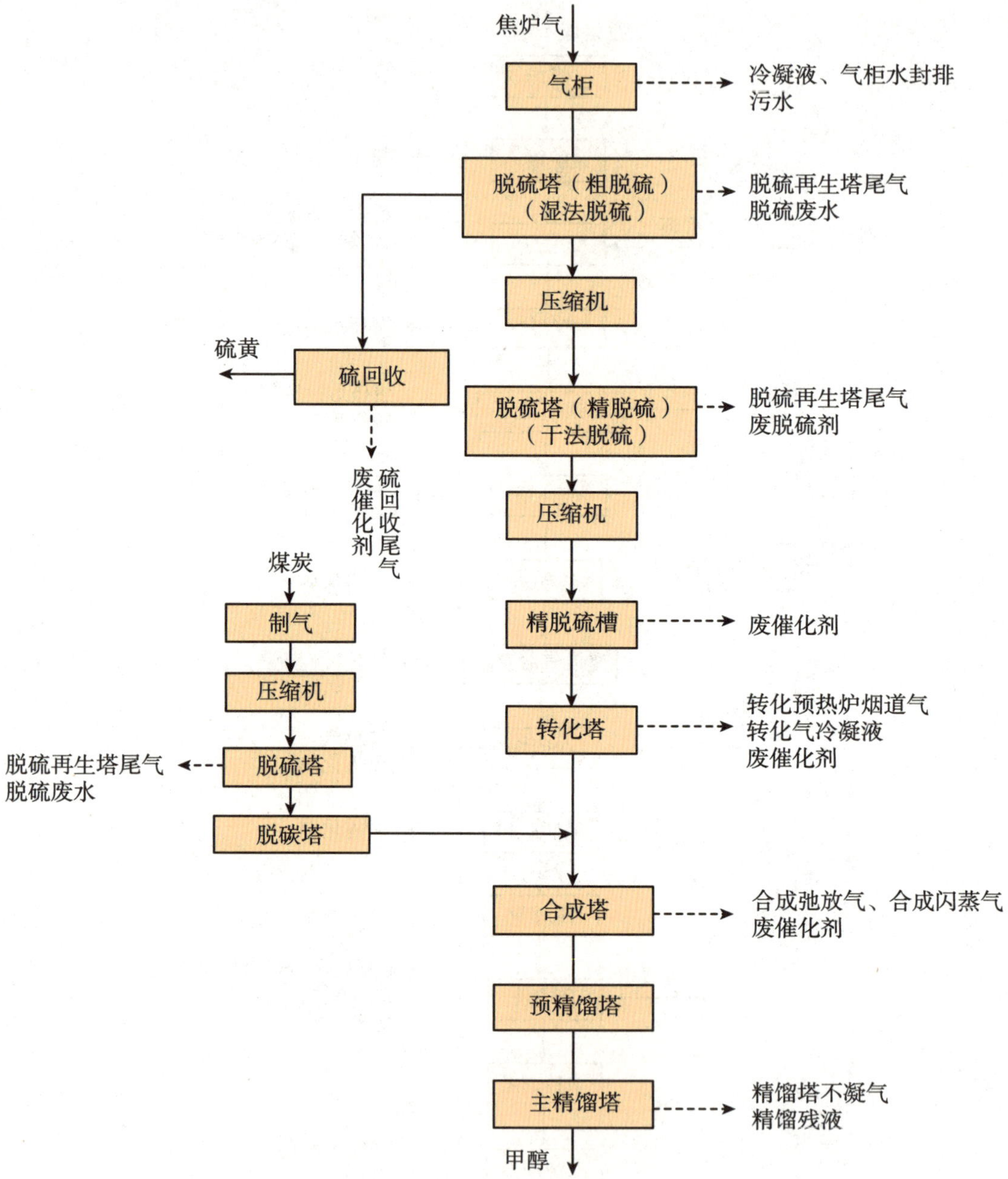

图 3-5　焦炉气制甲醇工艺流程及产污节点

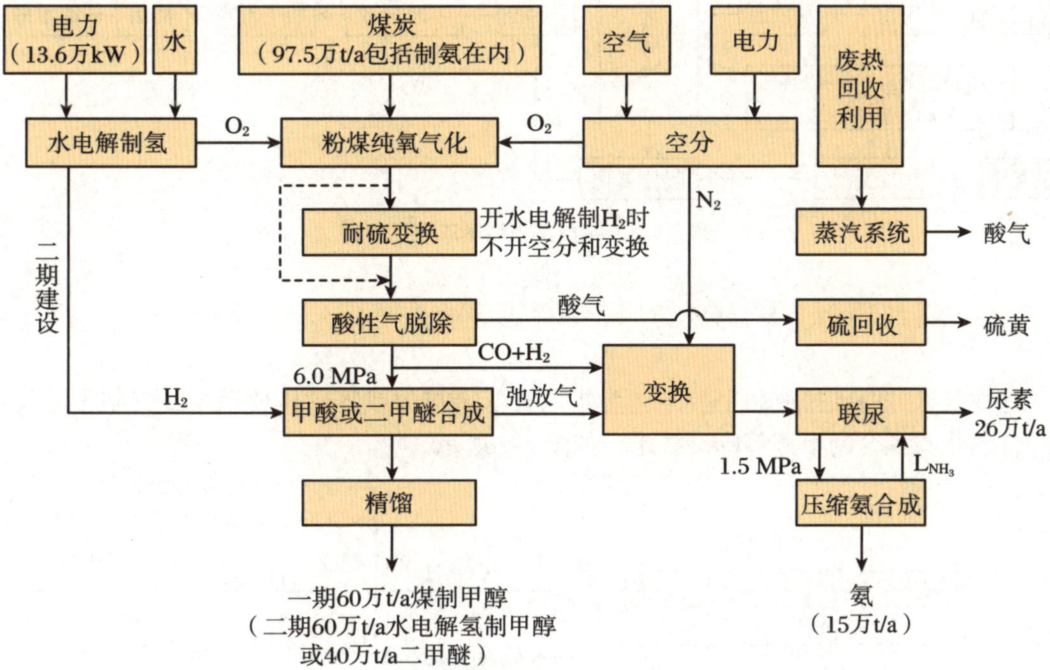

图 3-6　120 万 t/a 甲醇联产氨尿素创新工艺流程（水电解制 H_2）

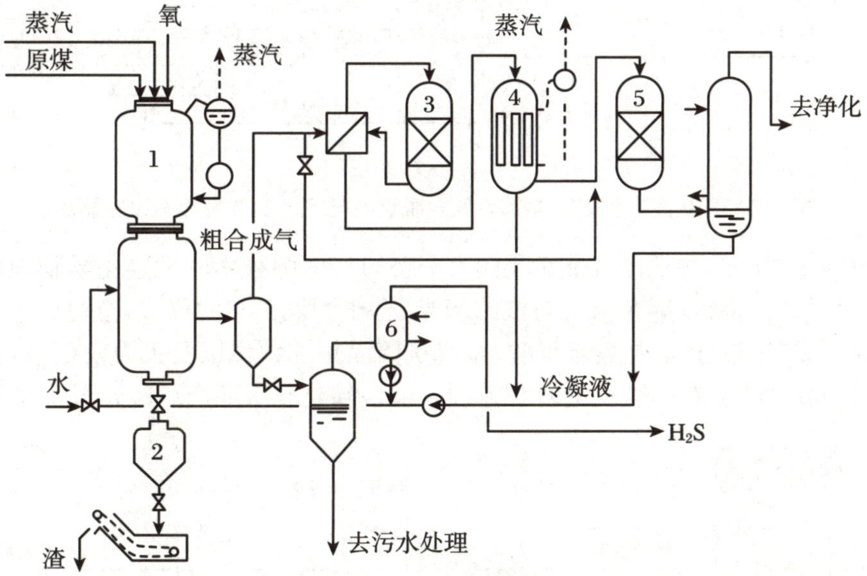

图 3-7　煤制甲醇路径

1—气化炉　2—碎渣罐　3—变换炉　4—变换废锅　5—水解器　6—冷却器

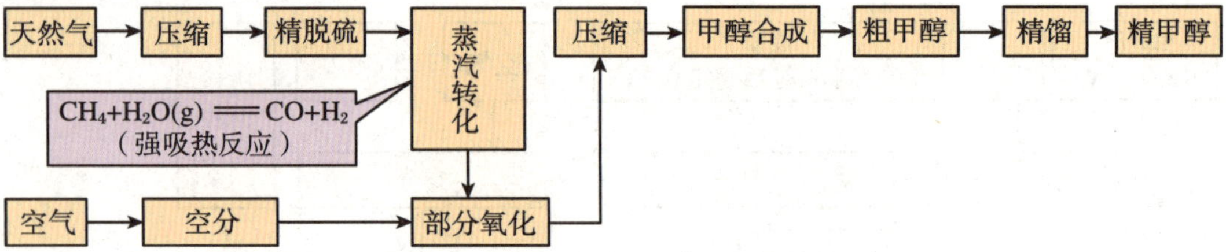

图 3-8　天然气制备甲醇工艺示意图

三、煤或气低(零)碳排放制甲醇工艺

煤或气低(零)碳排放制甲醇工艺是指以极低碳排放或零碳排放用煤或气制甲醇技术，包括二氧化碳耦合制甲醇等降碳技术。如图 3-9 所示。

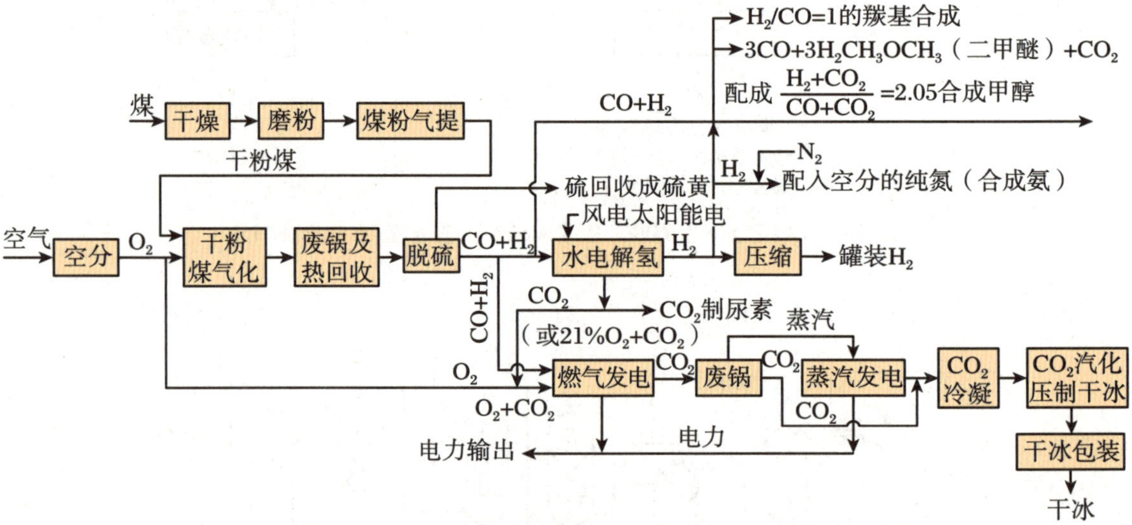

图 3-9　干粉煤气化发电、电解水储电制氢副产干冰 CO_2 零排放工艺流程

2022 年 4 月 21 日，中国中煤能源集团有限公司与中国科学院大连化学物理研究所(以下简称大连化物所)举行“绿色氢能与液态阳光”合作协议云签约仪式，拟建首个 10 万吨液态阳光项目。液态阳光技术是煤制甲醇、合成氨等煤化工领域以及火力发电、钢铁、水泥等行业二氧化碳减排的有效手段。免去 CO_2 排放煤炭转化制甲醇产品链如图 3-10 所示。

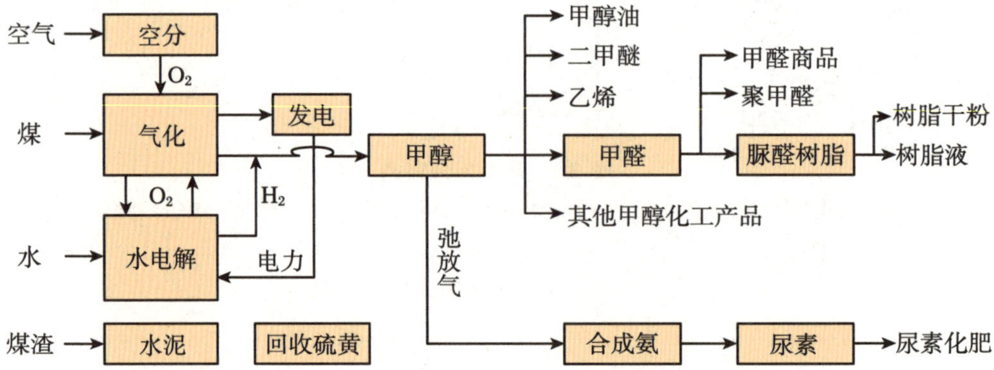

图 3-10　免去 CO_2 排放煤炭转化制甲醇产品链(煤炭接近 100%利用)

四、生物质制甲醇工艺

生物质被认为是继煤、石油和天然气之后的第四大能源。利用我国每年约 7.5 亿吨的生物质体量，可制取绿色甲醇超过 3 亿吨，生物质制甲醇开发潜力巨大。

2022 年 8 月 15 日，合肥德博生物能源科技有限公司与马士基集团签署绿色甲醇供应及采购合作意向书，德博采用农林废弃物为生产原料，利用其自主研发的热解气化装备合成技术路线，将建设至少 20 万吨/年的生物基绿色甲醇项目，马士基承诺对该燃料进行采购。山西省正在建设垃圾、秸秆气化制生物质甲醇装置，预计生产成本与煤制甲醇相当。生物质制甲醇工艺如图 3-11～图 3-13 所示。

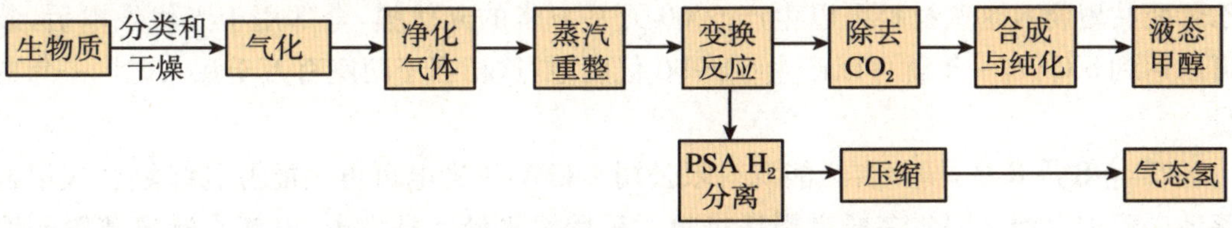

图 3-11　生物质生产甲醇或氢工艺示意图

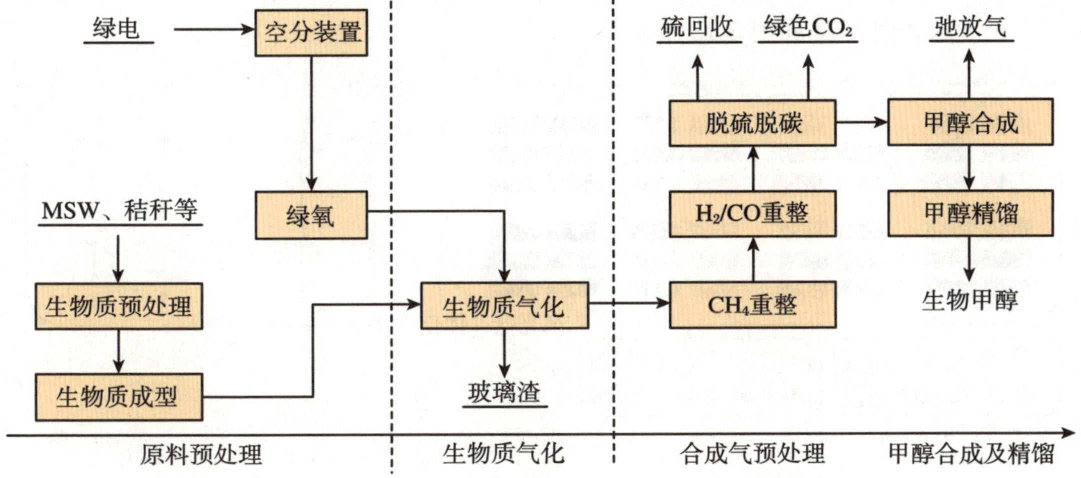

图 3-12　生物质气化合成甲醇工艺技术路线示意图

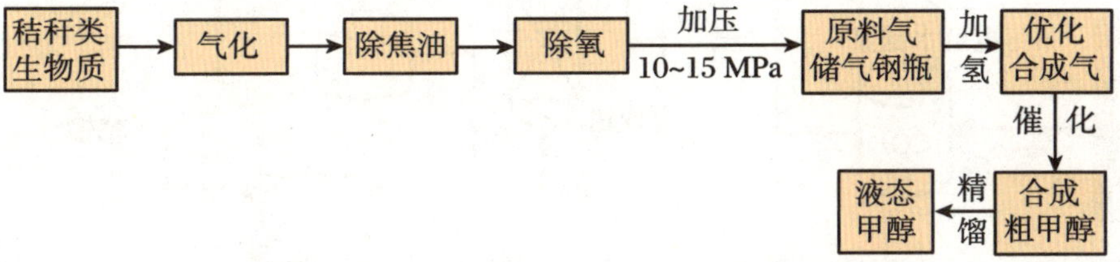

图 3-13　秸秆类生物质催化合成甲醇反应流程示意图

五、二氧化碳加绿氢制甲醇(液态阳光)工艺

二氧化碳催化加氢制备高附加值化学品具有诱人的前景，因为它有可能构建能源循环回路。

2021 年 9 月 27 日，江苏斯尔邦石化有限公司与冰岛碳循环国际公司 CO_2 制绿色甲醇项目签约仪式在北京举行。这标志着以中央“双碳”重要目标为指示精神，中国和冰岛合作共建的全球首条“CO_2 捕集利用—绿色甲醇—新能源材料”产业链项目正式启动。项目设计回收 CO_2 规模为 15 万吨/年，相当于 15 套大型石化装置一年的 CO_2 排放量。经过上下游一体化装置的深度加工，回收后的 CO_2 能够“变废为宝”，产出 2 万吨光伏级 EVA 树脂(乙烯-醋酸乙烯酯共聚物)，这些材料可以生产 5000 万平方米的光伏膜，全部用于光伏发电后，装机量可以达到 5 GW，一年就可以产生 60～90 亿度电，这相当于两座百万千瓦火电厂一年的发电量。

2022 年 8 月 8 日，扬州吉道能源有限公司 1 GW 风光电可再生能源制绿氢合成甲醇项目落地内蒙古自治区鄂尔多斯市鄂托克旗。采用风光储互补发电，电解水制氢装置制取绿氢，利用高排放行业生产过程中捕获的 CO_2 与绿氢反应生产液态阳光。李灿院士团队液态阳光技术，已入选 2022 年度国际纯粹与应用化学联合会(IUPAC)化学领域十大新兴技术。液态阳光技术如图 3-14 和图 3-15 所示。

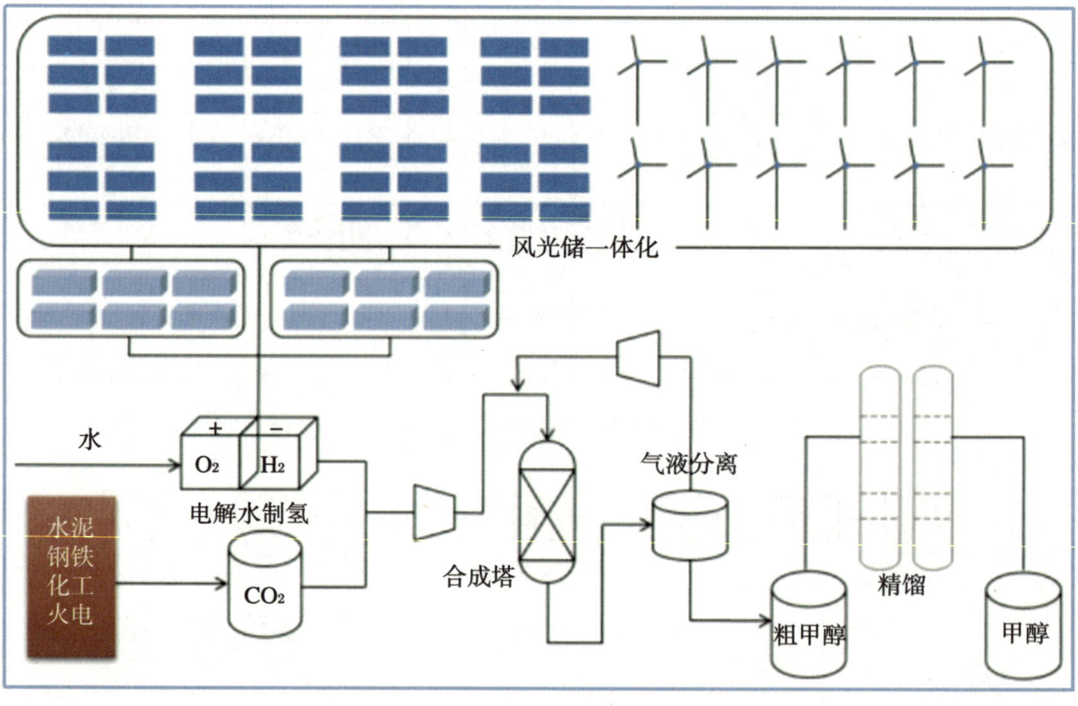

图 3-14　风光储一体化液态阳光技术

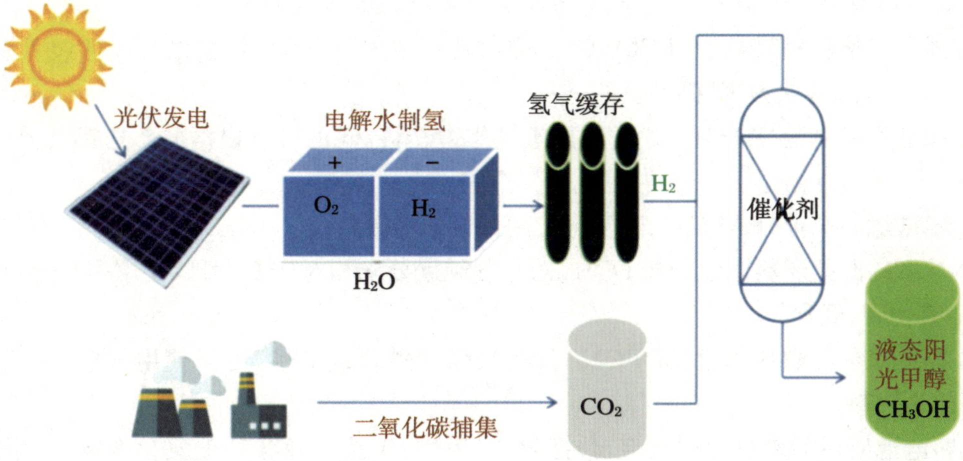

图 3-15　液态阳光技术

以 CO_2 为反应物，诺贝尔化学奖得主乔治·奥拉制得了甲醇，斯坦福团队制得了丁烷，我国的科研团队生产出了汽油，且转化率高达 95%。CO_2 加氢转化制液体燃料和化学品，不仅可实现温室气体 CO_2 的资源化利用，还有利于可再生能源的储运，同时也为解决国家能源安全问题、实现“双碳”目标等提供新策略。但是，CO_2 的活化与选择性转化极具挑战性。国内外技术路线多集中于合成低碳化合物，若能利用该过程选择性生产高附加值、高能量密度的烃类燃料，将为推进清洁低碳的能源革命提供全新路线。由大连化物所碳资源小分子与氢能利用创新特区研究组（DNL19T3 组）孙剑、葛庆杰和位健等人组成的研究团队于 2017 年开发了 CO_2 加氢制汽油技术，研究成果发表在《自然·通讯》上，并被《自然》杂志选为研究亮点。该技术历经实验室小试、百克级单管评价试验、催化剂吨级放大制备、中试工艺包设计等过程，于 2020 年在山东邹城工业园区建设完成了千吨级中试装置，累计完成各项投资 4000 余万元，于 2021 年 10 月正式通过了由中国石油和化学工业联合会组织的连续 72 小时现场考核。该技术所实现的 CO_2 和氢的转化率达到 95%，汽油在所有含碳产物中的选择性优于 85%，显著降低了原料氢和 CO_2 的单耗，整体工艺能耗较低，生成的汽油产品环保清洁，经第三方检测，辛烷值超过 90，馏程和组成均符合国Ⅵ标准。2022 年 3 月 4 日，在上海通过了由中国石油和化学工业联合会组织的科技成果评价。评价专家组组长何鸣元院士主持评价会，评价专家一致认为：“该技术成果属世界首创，整体技术处于国际领先水平，同意通过科技成果评价。该团队已形成具有自主知识产权的 CO_2 加氢制汽油生产成套技术，为后续万吨级工业装置的运行提供了有力支撑。”

第二节　甲醇燃料电池

燃料电池是一种把燃料所具有的化学能直接转换成电能的化学装置，又称电化学发电器。燃料电池有多种分类方式，按照电解质类型可将燃料电池分为：

① 质子交换膜燃料电池（PEMFC）。通常使用氢气作为燃料，但也可以通过重整技术将甲醇、天然气等转化为氢气后使用。

② 碱性燃料电池（AFC）。通常使用氢气作为燃料，但也可以根据需要选择其他合适的燃料。

③ 磷酸燃料电池（PAFC）。通常也使用氢气作为燃料。

④ 熔融碳酸盐燃料电池（MCFC）。对燃料纯度要求相对较低，可以使用多种燃料，包括氢气、一氧化碳、烃类等。

⑤ 固体氧化物燃料电池（SOFC）。具有较强的燃料适应性，可以使用氢气、一氧化碳、烃类等作为燃料。

燃料电池所用的燃料种类繁多，包括氢气、甲醇、天然气及各种碳氢化合物（如甲烷、乙烷、汽油、甲苯、丁烯、丁烷）等。在选择燃料时，需要根据燃料电池的类型、性能要求以及成本等因素进行综合考虑。不同类型的燃料电池具有各自独特的工作原理和特点，适用于不同的应用场景和需求。随着技术的不断进步和成本的降低，燃料电池有望在更多领域实现广泛应用。

甲醇燃料电池的工作原理与质子交换膜燃料电池（PEMFC）相似，跟传统的一次电池、二次电池相同，都是阳极、阴极发生化学反应（图 3-16）。但燃料为甲醇（气态或液态），氧化剂仍为空气或纯氧。在阳极，甲醇和水在催化剂的作用下解离为质子、电子和二氧化碳，质子通过质子交换膜传输至阴极，电子则通过外电路到达阴极形成电流。在阴极，质子和电子与氧气结合生成水。电池的总反应为：$CH_3OH + 1.5O_2 \rightarrow 2H_2O + CO_2$。从工作方式来看，跟我们传统的汽油、柴油发动机非常类似，只要不断地提供燃料，它就会持续稳定地发电，所以它在储存、运输等方面有很多优势。从技术种类来看，可分为：

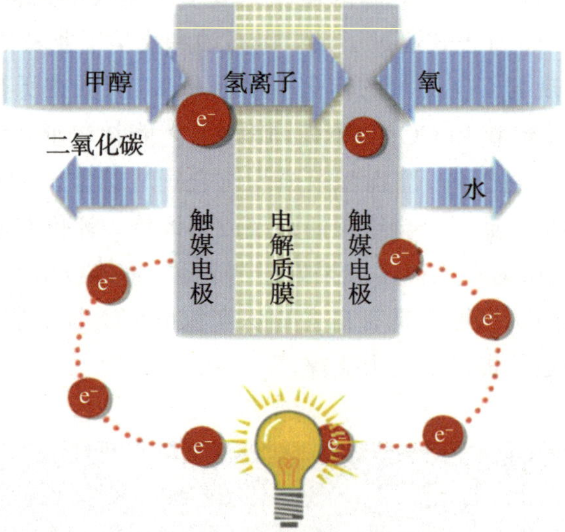

图 3-16　燃料电池的原理图

① 直接甲醇燃料电池（DMFC）。工作原理：直接使用甲醇作为燃料，甲醇在阳极处被

氧化，产生的电子通过外部电路到达阴极，从而产生电流。优点是结构简单，体积能量密度高，启动时间短，负载响应特性好，能在较大的温度范围内正常工作，且燃料补充方便。

② 间接甲醇燃料电池（IMFC），又称作甲醇重整制氢燃料电池。根据工作温度的不同，可以进一步分为低温甲醇重整制氢燃料电池（RMFC）和高温甲醇燃料电池（HMFC/HIMFC）。工作原理：将甲醇通过重整反应转化为氢气，然后氢气再通过燃料电池产生电能（图3-17）。优点是可以提供较高的功率密度。缺点是需要复杂的催化系统和较高的操作温度。

③ 直加甲醇陶瓷膜燃料电池（CMFC）。CMFC本质上属于固体氧化物燃料电池范畴（SOFC/CMFC），是中国科学技术大学固体化学与无机膜研究所孟广耀团队的研究成果。

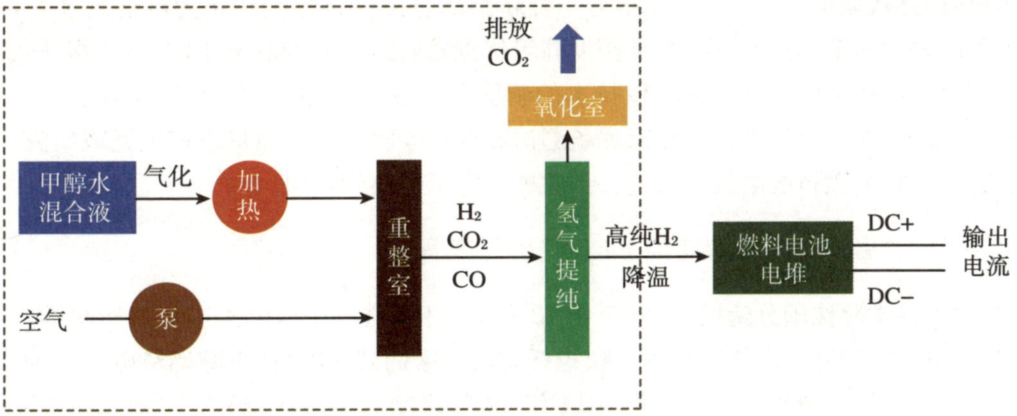

图3-17 甲醇重整系统

一、直接甲醇燃料电池（DMFC）

DMFC是指直接使用甲醇为阳极活性物质的燃料电池，是质子交换膜燃料电池的一种，只是燃料不是氢而是甲醇而已。DMFC是全世界研究和开发的热点，其基础是E. Muelier在1922年首次进行的甲醇的电氧化实验。1951年，Kordesch和Marko最早进行了DMFC的研究。

1. 国内首个百瓦级DMFC电池堆和中国首辆DMFC电动自行车

为满足DMFC在高比能量、效率和寿命等方面的需求，中国科学院长春应用化学所早在20世纪90年代初就在国内率先开展了直接醇类燃料电池的研究，在电催化剂、电极反应过程、质子交换膜材料基础及改性、催化电极和催化电极/质子交换膜复合体、整机集成等方面进行了系统探索，并在“十五”初期研制出国内首个百瓦级DMFC电池堆，研制成功中国首辆DMFC电动自行车。

2. 高性能移动式DMFC长时发电系统

据中国科学院网站2016年2月29日报道，近日，科技部高技术中心组织专家对长春应用化学所牵头承担的先进能源技术领域“863”计划“先进燃料电池发电技术”主题项目的课题——“高性能移动式直接甲醇燃料电池长时发电系统”进行了验收，听取了项目首席专家、课题负责人邢巍研究员做的验收汇报，审阅了验收材料，并进行现场考察和详细的技术质询。该课题针对现有 DMFC 在成本、效率和寿命方面的应用瓶颈，重点研制了高活性低铂催化剂，新型聚合物质子交换膜，高性能、长寿命、高稳定性、多功能有序的复合膜电极，并对电池堆进行了优化，保证系统高效发电；通过智能控制技术实现对电池堆运行及输电管理，形成了智能型 DMFC 电源长时发电应用技术，研制了额定输出功率为 5 W、10 W、20 W、100 W、150 W 及 500 W 等具有应用性能的系列样机。专家组充分肯定了该课题在高比能量智能电源集成技术包、转化效率、稳定性等方面的突出进展，一致同意该课题通过技术验收。并讨论达成如下共识：DMFC 作为一种新型的直接将化学能转化为电能的装置，具有安全、系统相对简单、运行方便、能量密度高等优点，适合作为 1000 W 内中小型移动式长效电源，建议在应用中积极开发基于该技术的新能源产品，并加强其性价比。随后，该项目其他课题分别在武汉、成都进行了专家现场测试和课题验收。整个项目组按期完成研究任务，顺利通过验收，为燃料电池技术的进一步发展奠定了坚实的基础。

3. 我国首套通过定型鉴定的 DMFC 系列产品

据中国科学院沈阳分院网站 2017 年 12 月 29 日报道，近日，由大连化物所醇类燃料电池及复合电能源研究中心研究员孙公权担任首席专家的某部项目“甲醇燃料电池系列”通过验收。该项目于 2012 年 12 月立项，2014 年 12 月研制的 DMFC-25-R-12 型、DMFC-50-U 型和 DMFC-200-U 型 DMFC 产品通过正样确认，2016 年 2 月经鉴定检验合格，2017 年 12 月 14 日通过鉴定审查。同时 DMFC 电源系统工艺技术、检测技术、低温环境适应性、设计模型优化、可靠性技术等通过技术鉴定。项目全面完成了技术平台建设，形成了 25～500 W DMFC 的研制能力，满足 DMFC 系列产品的研发和批量生产要求。该项目研制的 DMFC 系列产品是我国首套通过定型鉴定的燃料电池产品，可广泛用于车载、通信等便携移动电源。

4. 全球首款 DMFC 物流车

2019 年 9 月 10 日，在浙江桐庐举办的第三届中国(杭州)国际快递业大会上，物流信息互通共享技术及应用国家工程实验室与苏州奥加华新能源有限公司联合发布全球首款 DMFC 物流车。奥加华作为全球唯一一家可大规模生产高功率 DMFC 产品的公司，经过多年的不懈努力和持续投入，已经围绕 DMFC 积累了大量的知识产权，并形成高技术壁垒，成为开发高性能、低成本的 DMFC 全球领导者。本次发布的 DMFC 物流车，具备电池结构简单、低温快速启动、燃料供应体系成熟、洁净环保等优势，拥有超长续航里程能力，标准工况下可以行驶近 500 千米，一次燃料加注时间仅需 1 分钟，加注方式和传统内燃机一样方便快捷。奥加华已成功研发以型号Ⅲ(1.5 kW)、T 系列(T1，1.5 kW；T3，3.0 kW)、EV 系列(6 kW；9 kW；12 kW)为代表的高性能产品，广泛应用于后备电源领域，畅销 9 个国家，并在物流车、乘用车领域有巨大应用前景。

5. DMFC 电源系统驱动垂直起降无人机

据中国科学院网站 2019 年 12 月 17 日报道，大连化物所醇类燃料电池及复合电能源研究中心研制的 DMFC 驱动天津飞眼公司的垂直起降无人机在天津滨海无人机试验场成功试飞，并通过了大功率变载、冲击振动、低温等可靠性验证。与锂离子电池相比，DMFC 续航时间延长 3 倍以上，满足了无人机市场对复杂场地起飞和长续航时间的需要。醇类燃料电池及复合电能源研究中心多年来致力于直接甲醇无人机动力电源的研究，本次试飞属国内首次将 DMFC 用于驱动无人机，为 DMFC 技术在无人机领域的实际应用奠定了重要基础。

6. 自呼吸式 DMFC

据中国科学院 2022 年 3 月 1 日报道，近年来，便携式可穿戴电子设备迅速发展，但其能源供应存在安全事故发生的可能性，如穿戴电源被压缩、弯曲、切割，发生泄漏、着火等。因此，开发能够安全使用的能源供应系统非常重要。然而，关于燃料电池安全性研究的报道较少。对于燃料电池来说，机械过载引起的燃料泄漏可能造成灾难性的影响。能否制造出一种高度耐用的燃料电池，且可以通过如针刺、压缩、弯曲，甚至切割等安全测试？此外，在安全试验中，能够有效地抑制燃料泄漏、热失控、火灾、爆炸等灾难性影响。中国科学院苏州纳米技术与纳米仿生研究所研究员周小春团队在柔性燃料电池的关键材料和技术方面取得系列进展。近日，科研团队合成和应用一种新型的琼脂凝胶与木质海绵的复合材料即凝胶/海绵复合材料，研制出一种安全、耐用、适应性强且具有出色柔性的自呼吸式 DMFC。该新型复合材料因其独特的成分和结构，具有吸收速度快（约 10 s 即吸收饱和）、循环性能好（循环次数>10 次）、甲醇吸收率高（>5.2 g/g）、含能高（>30.8 kWh/kg）、柔性好等优点。复合材料对甲醇溶液具有很强的保留能力，在 29.4 kPa 的压力下，含 1.5%琼脂凝胶的复合材料可保留约 90%的甲醇溶液。其面能量密度接近 13.7 mWh/cm^2。同时，研究使用凝胶/海绵复合材料制成的 DMFC 电堆经受住一系列破坏性试验，包括长针刺穿、切割、弯曲和压缩等。新型复合材料能吸收并保留住甲醇溶液，因而在进行破坏性试验时没有燃料泄漏，使 DMFC 避免了爆炸、着火等安全问题。此外，利用吸收材料固化气态或液态燃料的思路，可以普遍用于提高其他燃料电池的安全性、适应性和柔性。

二、低温甲醇重整制氢燃料电池（RMFC）

RMFC 的做法是甲醇燃料通过催化重整得到混合气，混合气含有大量的 CO，通常要超过 3×10^{-2}。CO 对燃料电池是一个毒物，要通过三级分离净化，使混合气中 CO 含量小于 10^{-5}的时候才可以用到燃料电池里边去。由于其分离净化系统庞大，因此这套系统往车上用、尤其是乘用车上用难度比较大。

苏州氢洁电源科技有限公司是国内最早开始研发生产甲醇重整燃料电池技术和产品开

发的企业，是国内甲醇重整制氢燃料电池行业的领导者，推动和制定了中国甲醇重整制氢燃料电池汽车技术要求和标准，是国内首家获得甲醇重整制氢燃料电池汽车公告、首家正式批量生产的甲醇重整燃料电池汽车企业，现有下列几款产品。

(1) 20 kW 微反应器甲醇重整器(图 3-18)

单反应器最大功率 20 kW，制氢量大约 20 Nm^3/h，工作温度 300～400 ℃，工作压力 10 bar(取决于附件，1 bar = 10^5 Pa)，转化效率 95%以上，重整系统启动时间 15 min 以内，防护等级 IP67，单反应器系统重量 50 kg，单反应器系统尺寸 80 L，寿命同汽车使用周期。

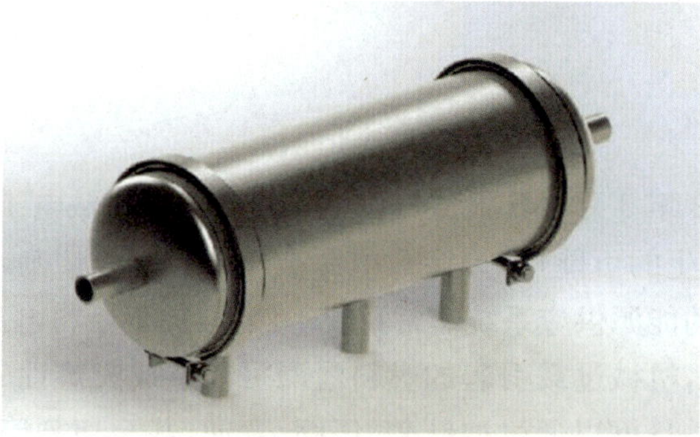

图 3-18　20 kW 微反应器甲醇重整器

(2) 300 W 便携式甲醇重整燃料电池(图 3-19)

技术参数		
性能	功率范围/W	300～350
	DC 输出电压范围/V	24DC/5DC/220AC
	系统效率/%	33(peak)
工作特性	燃料类型	60%甲醇/40%水(体积分数)
	燃料消耗量@300 W/(kW·h/L)	1.015
	系统运行功耗/W	<77
	环境温度/℃	-20～50
物理特性	长×宽×高/mm×mm×mm	525×233×285
	体积/L	34
	质量/kg	约 12

图 3-19　300 W 便携式甲醇重整燃料电池

额定功率 300 W，结构设计紧凑，环境适应性出色，适合用作单兵作战电源、部队便携式电源、野外露营电源、小型无人机电源等动力源。

(3) 5 kW 甲醇重整燃料电池(图 3-20)

技术参数		
发电特性	额定功率/kW	5
	DC 输出电压范围/V	48(110～560)
	系统效率/%	44
工作特性	燃料类型	60%甲醇/40%水(体积分数)
	燃料消耗量@5 kW/(L/h)	4.75～4.85
	系统预热耗电量/kW·h	0.5
	环境温度/℃	－40～55
	通信方式	485/LAN
物理特性	质量/kg	62.5
	长×宽×高/mm×mm×mm	751×483×266
	体积/L	96.5

图 3-20　5 kW 甲醇重整燃料电池

本产品额定功率 5 kW,多模块可实现互联,满足应用场景多元化功率需求。具有 CO_2 排放量低、运行噪声低、运营成本低等特点,可用于通信基站电源、分布式电源、后备电源、静默式发电站、车辆动力电源等。

(4) 甲醇重整燃料电池能源舱(图 3-21)

技术参数		
燃料电池性能	最大功率/kW	3.2
	输出电压	48 V DC & 220 V AC
	燃料类型	60%甲醇/40%水(体积分数)
	燃料消耗量@3.5 kW/(L/h)	3.5～4.2
	环境温度/℃	－35～50
辅助系统配制	燃料桶容积/L	500
	内部通信方式	485/CAN
	外部通信	4G、蓝牙、本地
	锂电池	48 V, 100 Ah
物理特性	质量/kg	250(不含燃料)
	长×宽×高/mm×mm×mm	940×600×960(不含天线)

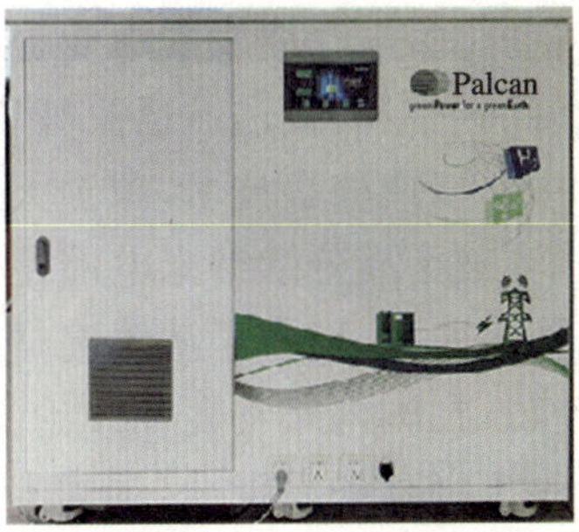

图 3-21　甲醇重整燃料电池能源舱

本产品通过智能化控制系统将燃料电池与储能装置设计为一体化整机，是一款综合利用能源、可长期稳定使用的发电装置。具有 UPS 级别电力控制系统、支持多种组网方式、可智能运维等特点，可用作备用电源、分布式电源、移动电源、军工设备启动电源等。

三、高温甲醇燃料电池(HMFC)

HMFC 的原理是：甲醇水混合液经过气化，进入重整室内被转化为富氢重整气，重整气直接进入高温燃料电池电堆，氢气与空气(氧气)发生电化学反应形成电流，向外部源源不断供应电量。甲醇重整制氢燃料电池在功率密度上不如氢燃料电池，但是在储能密度与经济性方面，比纯氢燃料电池更具推广优势，可作为车载增程器、基站电源、移动应急电源等。

2021 年 12 月 8～10 日，联合国开发计划署氢能产业大会在佛山市南海区西樵山文化中心隆重举行。大会宣布了中科嘉鸿高温甲醇燃料电池动力电源技术产业化项目投产运营。作为高温甲醇燃料电池引领者，中科嘉鸿携多款自主研发的产品亮相，展品涵盖甲醇燃料电池的关键材料、核心部件及集成系统等，亮点多多：自主知识产权高温质子交换膜，突破该电池的“卡脖子”技术，可在 150～200 ℃下稳定运行，电导率高达 0.2 S/cm；自主知识产权高温膜电极，突破该电池的“无芯之痛”，性能达到国际领先水平，寿命已达 5000 小时；5 kW 高温甲醇燃料电池电堆模块，可以吃“粗粮”，采用高达 3%CO 的富氢燃料气稳定运行；10 kW 高温甲醇燃料电池车用动力电源，以液体甲醇为燃料直接发电，无须高压气瓶，无须加氢站，加注方便，续航里程倍增，60 升甲醇可行驶 600 千米，百千米燃料费用 20～25 元。“嘉鸿 01”示范游船更成为了热门打卡点。

2021 年 11 月 8 日，首艘高温甲醇燃料电池动力船“嘉鸿 01”在佛山南海丹灶仙湖成功首航。该船安静、清洁、舒适的乘坐环境，得到了同行的高度赞扬及一致好评，这一国际领先技术将引领甲醇燃料电池行业及相关产业快速发展。该燃料电池比能量高、环境友好，只要不断提供燃料就可持续稳定发电。在 150～180 ℃工作温度下，加注 200 千克甲醇可产生约 400 度电，在 5.5 节的航速(内湖限定航速)下能驱动船行驶 20 余小时。达到相同续航时间，铅酸电池需要 15～20 吨。该船成功首航，标志着高温甲醇燃料电池正式进军绿色航运市场，将为国家电动船发展事业提供新的发展方向，带动电动船战略性新兴产业，推动航运业碳达峰、碳中和，促进航运业等相关产业绿色健康可持续发展。

中科嘉鸿核心技术，源于大连化物所孙公权研究员团队。该团队深耕甲醇燃料电池 20 余载，突破了高分散纳米电催化剂、耐高温聚合物电解质膜、高性能膜电极、高比功率电堆等核心技术瓶颈，形成了从关键材料、核心部件、系统集成、过程控制、产品应用全链条自主知识产权。在国内外发表 SCI 论文近 300 篇，他引 15000 余次；获授权发明专利 230 余件，国际专利 13 件；先后荣获“国家自然科学二等奖”“国家争先创新奖”等省部级以上奖励 9 项；牵头制定国标 3 项，国军标 2 项。现有产品主要为额定输出功率 0.5～120 kW 高温甲醇燃料电池系统及相关材料、部件，在电动车辆动力电源、船舶动力/辅助电源、热-电联供分散电站、汽油/柴油发电机替代电源、无人机/飞行器动力/辅助电源等领域，市场需求迫切、应用前景广阔。

四、直加甲醇陶瓷膜燃料电池(CMFC)

1998 年中国科学技术大学固体化学与无机膜研究所申办了第 97 次香山科学会议与国际讨论会，以《新型固体燃料电池》为论题，确立了中温化、新材料、薄膜化技术与纳米电极等正确的研究路线。在国家自然科学基金、科技部“863”计划、“973”计划、国际合作项目、教育部博士点基金的资助下，在 SOFC/CMFC 的构型、关键材料与制造技术等诸方面进行了高成效研发，申报相关发明专利超过 20 项，大部分已授权，基本形成了我国自主知识产权的 CMFC 技术；培养博士生 30～40 名，建立了良好的国际合作关系与氛围；发表论文约 200 篇，从国际 SCI 论文数量调查看，国际上名列第 4 位(国内第 1 位)。基于早期的研究成果(2005 年以前的论文发表)，2007 年获得了高教部自然科学研究成果 2 等奖。2005 年以来，取得了更为快速的进展，国际领先的成果增多，在 *J. Power Sources*(JPS)上 3 年内发表论文 30 篇左右，在国际 SOFC 研究领域内首屈一指。领先国际同行的研发亮点包括：

(1) 从 2003 年起，侧重研发易于实用化的管状燃料电池，申报并取得电极支撑的管状 CMFC 构型和热电联供装置等发明专利。

(2) 发展了低成本的关键材料和薄膜化制造技术，并研制了高性能的价廉阴极材料。单电池在中温(500～800 ℃)范围可以重现的达到 300～1500 mW(输出峰值功率密度)。

(3) 国际上率先把阳极支撑薄膜化电解质制备技术开拓应用于制备薄膜化的高温质子导体燃料电池，把文献报道的电池性能数据提高了一个量级以上，具有肯定的应用价值。

(4) 为了发展管状电池堆，率先对陶瓷连接材料重新改性研究，大大提高了材料的电导性能并降低了其致密化温度，解决了管状电池堆的关键材料，在国际领先。

(5) 率先探索了直接液氨陶瓷膜燃料电池，采用多种电解质都达到了 300～1200 W/cm^2 的高水平结果，具有肯定的开发价值。

(6) 成功研制了直接甲醇燃料电池，采用 SDC 和 YSZ 两种固体电解质，都获得了良好的结果，不仅在中温(550～650 ℃)具有很高的功率密度，特别具有良好的长期稳定性(实验了 160 小时)，表明国际上一直久攻不下的阳极积碳问题不再是陶瓷膜燃料电池实用化、产业化的瓶颈。

中国科学技术大学无机膜研究所与其成果转化组建的合肥长城新元膜科技公司，共同承担了三项“863”课题，这是 CMFC 实业化和产业化平台建设的基础。国内还有好几个单位或团队具有研发实力和积累，例如中国科学院上海硅酸盐研究所、中国科学院大连化学物理所、中国科学院宁波材料技术研究所、中国矿业大学(北京)、武汉工业大学等等。近几年来更多的单位和课题组加入这一研究行列。

陶瓷膜燃料电池(CMFC)是举世公认的高效绿色的发电装置，是取代热机导引第二次工业革命的核心。以甲醇和液氨为能量载体，以 CMFC 为燃能转换装置或是利用其逆过程把 $CO_2 + H_2O$ 转化成 CH_3OH 和 NH_3 与大自然中的自然循环过程一致，是符合科学发展观的新能源路线。我们应该在强化对这一新能源发展路线重要性认识的基础上，加大投入力度，特别是尽快实现 CMFC 的实业化和产业化。

第三节　动力燃烧领域

甲醇作为动力燃料，主要用于交通运输车辆和船舶、固定发电装备等。基于道路车辆管理许可的放开、船舶技术法规的出台和相关标准规范的完善，产业化应用的技术推广和产品投放正在全面铺开和加速。

一、甲醇汽车

如果说汽、柴油燃料汽车是1.0版本，那么天然气燃料汽车就是2.0版本，而甲醇燃料汽车则是3.0版本。经过多年技术升级，甲醇燃料在各方面均有优势。为推动甲醇汽车的发展，中国历经了3代人的努力。在政府牵头组织、企业积极参与、应用市场鼎力配合的大环境下，以安徽奇瑞、上海华普和浙江吉利为代表的高压缩比纯甲醇汽车的开发，促成中国汽车工业及时掌握了世界甲醇汽车的前沿技术。今天我们说引领甲醇汽车未来的发展方向，是完全有依据、有基础、有储备的。

2001年7月9日，原国家经贸委在给朱镕基总理《关于发展甲醇燃料有关情况的报告》中，开篇说："遵照您4月21日在国家信访局《来信摘要》第156期上的指示，就李琼玖等四位退休专家提出关于选择现有氨厂联产甲醇燃料的建议，我委组织召开了由汽车、化工部门和中国科学院等有关专家参加的三个座谈会，对我国甲醇燃料的研究开发及预期发展进行了认真研究论证。现将有关情况及我们的意见报告如下。""我国甲醇燃料的研究工作已开展多年。原国家科委曾与交通部、山西省、中国科学院以及我委等共同组织大专院校和石油、化工、煤炭、汽车、环保、卫生等部门进行甲醇燃料的试验研究及应用示范工作。先后对低比例M3、M5(分别含甲醇3%、5%)，中比例M10、M15、M25(分别含甲醇10%、15%、25%)，高比例M85、M90、M100(分别含甲醇85%、90%、100%)的不同掺混甲醇燃料进行了台架和整车试验以及道路示范运行，并在化油器发动机试验的基础上，对电喷发动机进行了探索性研究。在重点考核甲醇燃料发动机的同时，还分别对甲醇燃料成分、尾气排放、经济学及环境影响等方面做了相应的试验研究。""目前，低比例甲醇燃料的应用技术已经有很大突破，在局部地区短期运行结果表明，可直接替代汽油，不必添加助溶剂和腐蚀剂，已初步具备推广的条件；使用中比例甲醇燃料，不需对发动机进行改造，但点火系统需要调整，对密封件及燃油系统的腐蚀等需要采取相应的改进措施，还需要进行长期运行考核，近期不具备推广条件；使用高比例甲醇燃料，由于发动机以及电喷系统等均需进行必要的改造，还需做大量的试验研究工作。""为适应我国能源状况，调整能源结构，将甲醇作为过渡性混合燃料，具有较好的发展前景。为科学稳妥地促进甲醇燃料发展，我们建议如下。""拟选择煤资源丰富的山西省先行试点。"由此，开启了我国甲醇汽车"技术为大"的历史征程。

2004年6月14日，山西省人民政府办公厅转发省燃料甲醇汽车领导组办公室《关于进一步推进车用甲醇汽油产业化示范工程扩大试点城市工作方案的通知》(晋政办发〔2004〕46

号)，开篇提出：“甲醇汽油——煤制甲醇低比例掺烧(M15)替代汽油是我省加大煤炭资源综合利用力度，开发清洁能源，实现循环经济的一项重大战略举措。2002 年 11 月至 2003 年 10 月，太原、阳泉、临汾、晋城等试点城市推广应用，取得了明显成效，其技术成熟性和经济可行性得到再次证实。为进一步推动我省醇醚燃料与醇醚汽车的产业化进程，为在国内更大范围的推广应用积累经验，省人民政府决定从 2004 年下半年开始把甲醇汽油试点推广工作扩大到全省 11 个市。”其中，11 个市是指在太原、阳泉、临汾、晋城四市基础上，新增大同、朔州、忻州、晋中、长治、运城和吕梁七市。由此，开启了我国甲醇汽油(M15)替代传统汽油的历史征程。

2005 年 7 月 29 日，山西省人民政府办公厅发布《关于全省全甲醇(M100)汽车推广及部分城市甲醇汽油(M15)封闭运作的通知》(晋政办发〔2005〕58 号)，开篇提出：“2002 年我省在太原、阳泉、临汾、晋城四市开展了甲醇汽油——煤制甲醇低比例掺烧(M15)替代汽油的产业化试点工作，在政策法规、组织管理、生产供应、市场销售以及技术服务等方面取得了明显成效。在此基础上，已于 2004 年下半年将产业化试点工作推广到全省各城市，并且取得了阶段性的成果。发展醇醚燃料是我省新型能源和工业基地建设的一项重大举措，已列入省人民政府 2005 年确立的七大工作目标之一。为进一步推动我省醇醚燃料产业化进程，现就有关事项通知如下：一、在全省推广使用甲醇轿车(起步阶段选用出租车)。从 2005 年下半年开始，在我省全面推广使用全甲醇轿车，具体工作方案为：(一) 增加新的出租车。我省已与奇瑞汽车有限公司达成协议，由奇瑞公司研发出一种主流的、经济型的甲醇燃料轿车，在我省先行应用推广，首先选择数量集中、便于统一管理的出租车进行突破，各市要增加适量的出租车指标，今年目标 620 辆……二、部分城市甲醇汽油封闭运作。我省的低比例甲醇汽油(M15)的推广工作先后经历了四市试点和全省全面试点推广，积累了成熟的经验。在此基础上，决定于 2005 年 10 月至 2006 年 6 月在条件较好的阳泉、临汾、晋城进行试点封闭运作，根据三市运作的实效再酌定全省封闭运作事宜。具体的工作方案由省醇汽办牵头，中石化山西分公司、中石油山西销售分公司等参与制定。”由此，开启了我国全甲醇(M100)汽车推广应用的历史征程。

2005 年，奇瑞着手开发甲醇灵活燃料发动机及轿车。3 年来，对发动机用 9 种不同压缩比进行试验，对甲醇进行标定，对整车匹配和发动机进行强化试验。对整车燃油系统、耐腐蚀材料、冷启动系统、专用润滑油、功率、燃料消耗进行了系统开发和测定。2007 年 4 月，第一批 10 辆灵活燃料轿车送到太原进行了两个月 M100 甲醇燃料试运行。第二批 12 辆灵活燃料车于 2007 年 10 月送往太原，并在第一批车的基础上进行优化。在高速行驶的平稳性、噪声和排放等方面都有明显提高，已具备批量生产条件。

2009 年，工信部正式组织开展甲醇汽车摸底调研，研究开展试点工作的可行性和必要性，启动开展高比例甲醇汽油试点工作的各项准备。

2012 年起，工信部会同有关部委，先后在山西(晋中、长治)、上海、陕西(西安、宝鸡、咸阳、榆林、汉中)、甘肃(兰州、平凉)、贵州(贵阳)5 省(市)11 个城市，正式组织开展甲醇汽车试点工作。

2017 年 9 月 28 日，工信部、发改委、科技部共同组织召开了上海市甲醇汽车试点工作验收会议，对上海市试点进行验收。专家组一致认为，车辆启动性、可靠性、加速性、驾驶性、适应性等各方面性能符合甲醇汽车制造单位提供的技术性能指标，排放性能良好，整车常规污染物排放满足国四阶段排放要求，非常规污染物甲醛排放低于试点规定限值要求，甲醇加注站建设及管理工作具有创新性和可推广性，做到了整体规划科学合理，建设标准规范严格，装配了完善的油气回收装置和车辆识别监控系统，能有效保障甲醇燃料加注过程的安全，试点工作总体上完成了预定的目标和任务，建议通过验收。12 月 4 日，组织召开了甘肃省甲醇汽车试点工作验收会议，对甘肃省兰州市、平凉市甲醇汽车试点工作进行验收。专家组认为，两市按照试点实施方案要求组织实施，加强统筹协调，认真负责、精心组织、科学严谨，数据采集全面、详实。试点车辆的污染物排放、环境影响、人体健康等各项检测结果均满足国家相关标准要求，非常规污染物甲醛排放低于规定限值要求，均完成了试点预定的目标和任务，建议通过验收。

2018 年 2 月 8 日，工信部、发改委、科技部共同组织召开了陕西省汉中市甲醇汽车试点工作验收会议，对汉中市甲醇汽车试点工作进行验收。专家组认为，汉中市投入运营甲醇出租车 20 辆、甲醇加注站 1 座，试点技术数据采集全面、详实。试点车辆经第三方检测机构检测，整车和发动车、常规污染物排放、冷启动等均符合相关标准要求，非常规污染物甲醛平均排放量为 1.29 mg/km，低于规定限值要求。试点运行期间未发生影响涉醇人员身体健康的病例。试点单车最高运营里程超过 28.7 万千米，甲醇燃料平均消耗为每百千米 15.34 升，与传统汽油车相比运行经济性明显。汉中市完成了试点预定的目标和任务，建议通过验收。

2018 年 3 月，工信部、发改委和科技部共完成 10 个城市的甲醇汽车试点验收工作，总结并提出坚持能源资源禀赋和因地制宜原则，积极开展甲醇汽车推广应用的结论意见和报告。总结报告提出："几年来，甲醇作为替代原煤和油气的燃料，在汽车、船舶、工业锅炉、采暖供热等领域的应用逐步推开，有较好的经济性和环境效益。"

在践行低碳减排战略的过程中，不少企业都开始积极布局甲醇产业。而吉利，无疑是其中起步最早、准备最充分的那个。早在 2005 年，吉利就开启了甲醇燃料和甲醇汽车的研究布局。2012 年，吉利成为首家获得工信部甲醇汽车产品公告的甲醇汽车制造企业，为我国甲醇燃料、甲醇汽车研发历史树立了一个重要的里程碑。深耕甲醇汽车产业 17 载，吉利在该领域的研发投入已超过 30 亿元，拥有相关核心专利 200 余件，成功解决了甲醇发动机零部件耐醇、耐久性能等行业难题，同时也具备了甲醇汽车整车研发、制造、销售的全链体系能力，这些雄厚积累让吉利走在了世界的前列。截至 2022 年 6 月，吉利共开发出甲醇轿车、甲醇混合动力轿车、甲醇重卡、甲醇危化品运输车等甲醇燃料车型 20 余款。2022 年 3 月，由吉利研发生产的甲醇轿车和远程甲醇重卡，开启了在丹麦奥尔堡的海外测试和示范运行，这也是丹麦首次运行甲醇汽车。继而吉利甲醇乘用车在冰岛、丹麦等多国进行测试运行，充分展示了中国甲醇汽车引领全球的技术实力。

2022 年 6 月 30 日，全球首款甲醇混合动力轿车——第 4 代帝豪醇电混动轿车上市，与吉利自主研发的远程甲醇重卡在吉利贵阳基地举行同步交付。作为最早一批甲醇汽车试点地区，贵州打造了全球领先的"贵阳模式"，建立了完善的甲醇汽车生产、销售、服务体系和甲醇燃料输配送供应保障体系，出台了包括出租车在内的一系列鼓励措施，逐步形成了保障甲醇汽车运行的制度体系和管理机制。截至 2022 年 6 月，全省已通过市场化方式推广甲醇汽车超过 17000 辆，投入运营甲醇燃料加注站超过 60 座，年消耗甲醇约 25 万吨，替代汽油约

15 万吨。

2022 年 7 月，第 4 代帝豪醇电混动轿车作为贵州省第十一届运动会赛事指定用车，为赛事提供绿色、低碳、智能、安全的用车服务保障。由 20 辆第 4 代帝豪醇电混动轿车组成的省运会文化巡游车队途经贵阳、安顺、遵义、毕节、六盘水等 9 个地州市，全程为比赛提供服务。同年 9 月 1 日，吉利携手第 4 代帝豪醇电混动轿车亮相 2022 年太原能源低碳发展论坛，成为该论坛指定用车，进一步为共建甲醇经济生态链赋能。

相关荣誉与活动照片如图 3-22 所示。

图 3-22　相关荣誉与活动照片

2022 年 9 月 26 日，具有中国特色和领先世界的甲醇重卡，在我国华南地区正式开启了市场投放。此举标志着甲醇汽车继在华北、西北、西南地区稳步推进市场运行后，以海南省为代表的华南地区市场，实现了甲醇汽车市场投放零的突破。4 台甲醇重卡，在海南东、中、西线和短距离出岛往返运行，联动三亚、海口和湛江，为后续筹备的 60 台甲醇重卡商用车交付和全域推广应用，优化运行、燃料加注、技术保障等，积累经验，完善运行管理，提供有效支撑。

2022 年 10 月 13 日，吉利旗下醇氢科技与玉门祥天、甘肃光奥举行 100 台甲醇重卡的线上签约仪式。三方将共同在甘肃酒泉建设完善的甲醇运力、甲醇加注生态，形成以甘肃酒泉为中心，辐射周边陕西、新疆、内蒙古等省、市、自治区的甲醇重卡运力网，为打造中国首个绿色甲醇生态物流示范城市和首条示范线路开启新篇章。在吉利成熟的甲醇汽车技术基础上，远程新能源商用车成为首个，也是同期唯一推出甲醇重卡的品牌。与传统柴油重卡相比，远程甲醇重卡在燃料费用上可节省18%～32%。远程的明星产品星瀚H甲醇增程动力新能源商用车将拥有突破1000 km的续航能力。

2022年11月5日，远程新能源商用车集团与中泰物流集团完成200台远程甲醇重卡的签约。新疆甲醇资源丰富，能源条件和物流场景非常适合推广远程甲醇重卡，其经济性、可靠性、适用性在新疆已得到充分验证，是中泰物流实现降本增效，完成运力绿色升级，赋能新疆现代物流的重要抓手。远程新能源商用车集团率先推出绿色高效的甲醇重卡，并成立醇氢科技，构建醇、运、站、车的完善绿色甲醇运力生态，赋能零碳陆运。

2022年12月19日，晋中市举行甲醇重卡汽车进企业交付仪式，多达500台的交付数量创下国内一次性甲醇重卡汽车交付之最。晋中市将加快推动5000台新车进企业、快上路，加快构建醇、运、站、车的完整甲醇运力生态，加快推动5万台项目上马，共圆山西“汽车梦”。晋中是全国最早从事甲醇燃料和甲醇汽车应用的试点市，享有“中国甲醇看山西，山西甲醇看晋中”的美誉。同年6月，吉利晋中基地全国首条年产1万台甲醇重卡生产线投产以来，已在山西、陕西、新疆、甘肃、贵阳等地区投运300余台，同时在该市的灵石、介休等地试点推广。在9月1日举办的太原甲醇经济论坛上，晋中市市长常书铭对未来如此展望：“我们致力于发展甲醇汽车，走出‘吹尽狂沙始到金’的铿锵步伐；我们致力于打造甲醇经济，铺就‘千树万树梨花开’的产业胜景。”

据中国石油和化学工业联合会醇醚燃料及醇醚清洁汽车专业委员会发布的报告《中国甲醇燃料市场2023》，我国目前推行甲醇汽车使用的燃料均为M100甲醇燃料，截至2022年底，中国甲醇汽车投放量近3万辆，保有量超过2.8万辆，较2019年新增8600余辆。目前中国在贵州、陕西、山西、甘肃、新疆、内蒙古、江西、云南、海南、辽宁和黑龙江等11个省(区、市)，已有不同数量的甲醇汽车投入运行。其中贵阳市甲醇出租车保有量达1.7万辆，西安市已超过8200辆。

2022年，国内甲醇燃料消费总量达到786.3万吨，其中汽车用甲醇燃料消费量突破百万吨，达到100.4万吨，占甲醇燃料总消费量的12.8%，较2019年69.6万吨增加了34.8万吨，甲醇燃料总消费量逐年提高。2022年，国内车用甲醇燃料消费量前十的省(区、市)分别为贵州、新疆、陕西、山西、甘肃、湖北、湖南、山东、四川和内蒙古，消费量前三的地区消费量占了国内车用甲醇燃料消费量的71.7%，前五的地区消费量占了国内车用甲醇燃料消费量的79.7%。

二、甲醇-柴油双燃料发动机机车

2018年12月4日，由中车戚墅堰公司产品设计部主办的中车项目“甲醇-柴油双燃料系统在280柴油机上的研发”在公司试验验证中心7台位点火启动，成功实现甲醇-柴油双燃料运转(图3-23)。中车戚墅堰公司在想方设法提高柴油机排放指标的同时，致力于研发新型的清洁能源柴油机。

甲醇-柴油双燃料发动机项目于2016年立项，在一年多艰难设计开发甲醇喷射系统及

图 3-23　甲醇-柴油双燃料发动机机车

相关部件的基础上，项目组成员克服人员不足、台位紧张等困难，最终完成对 R6L280 柴油机的甲醇-柴油双燃料系统开发。经试验参数统计计算，甲醇燃料替代率大大超出预期目标，排放物中的 NO_x 含量也较原 R280 柴油机有很大幅度下降。甲醇作为燃料，与柴油相比，属于清洁能源，同时价格只有柴油的 1/3 左右。因此，甲醇-柴油双燃料发动机可在降低排放的同时，提高发动机的经济性能。此型发动机的试验成功，为公司产品型谱增添了一个新的系列，同时也顺应了国际国内现阶段节能减排、开发新能源发动机的大趋势。

三、甲醇燃料动力船艇

2019 年 7 月 23 日上午，中国首艘甲醇燃料动力船艇（图 3-24）下水仪式在中山市神湾江龙船艇科技园举行。2020 年 3 月 18 日，中国首艘自主研发的甲醇燃料动力船艇试航取得圆满成功。

图 3-24　甲醇燃料动力船艇

该船由江龙船艇科技股份有限公司（以下简称江龙船艇）联合天津大学、玉柴机器股份有限公司（以下简称玉柴股份）、怡昌动力技术有限公司等共同开发。2017 年 2 月，举行“甲醇船舶”项目研讨会。2017 年 9 月，江龙船艇和玉柴股份建立战略合作关系。2018 年 6 月，工信部甲醇汽车试点工作专家组秘书长魏安力一行赴江龙船艇考察甲醇船舶研发工作的进展情况。2019年7月，甲醇燃料动力船艇在中山科技园举行下水仪式。2019年8月，中船重工七一一研究所副总工程师冯明志率团队就加快推进甲醇燃料动力船艇的产业化等问题与研发团队进行交流。2019年9月，天津大学内燃机燃烧学国家重点实验室副主任姚春德教授等远程同步指导调试，将实验室的研发成果成功转化应用，为甲醇燃料动力船艇的试航做准备。据天津大学内燃机燃烧学国家重点实验室的报告，本次试航的甲醇燃料动力船艇相比于纯柴油动力船艇，CO碳氧化物减少96%、THC碳氢化物减少99%、烟度减少54%，各项排放值均优于最新的《船舶发动机排气污染物排放限值及测量方法（第一、二阶段）》中的限值，具备良好的经济性与环保性，未来应用前景广阔。

四、甲醇双燃料动力船

2022年6月20日，我国首艘甲醇双燃料动力绿色船舶“Stena Pro Patria”号（图3-25）在广州南沙交付离厂。该船由中国船舶集团旗下的广船国际自主研发设计建造，是中国首制甲醇双燃料远洋船舶，是4.99万吨甲醇双燃料化学品/成品油船首制船。该船采用MAN B&W 6G50ME-C9.6 MW Tier Ⅲ发动机，配备世界领先的甲醇双燃料驱动系统，可采用燃油、燃油水合物、甲醇、甲醇水合物4种燃料模式驱动，在国内首次采用甲醇及水合物燃料供给、输送、安保等技术，创造性地解决了甲醇储存舱的布置和MR（中程运输船舶）机舱空间应用轴带发电机等难题；采用线型优化、主机废热回收等技术措施，使船舶能效设计指数（EEDI）较基准线降低37.4%，满足第三阶段要求。该船能够控制燃烧状态以降低废气排放，无须安装废气处理系统即可满足国际海事组织最高等级排放要求。与常规船用燃料相比，可减少95%以上的硫氧化物（SO_x）、减少60%的氮氧化物（NO_x）以及减少10%～15%的CO_2排放。甲醇与液化天然气（LNG）等替代燃料相比，储运更加方便、基础设施改造费用更低，具有显著的成本优势和安全优势，正在迅速发展成为最可行、排放最少且成本最低的一种船用环保替代燃料。该型船的成功设计和建造体现了中国造船企业强大的MR品牌实力与替代燃料动力技术的完美结合。

图3-25　甲醇双燃料动力船

五、甲醇燃料已成为全球集装箱船订单主流

据国际船舶网2023年4月7日报道，近日，中国船舶集团与法国达飞海运集团在北京

正式签订 16 艘新船订单合作协议，金额达 210 多亿元人民币，创下了中国造船业一次性签约集装箱船最大金额的新纪录。

中国船舶集团 16 艘新船订单包括 12 艘 15000TEU 甲醇双燃料动力大型集装箱船和 4 艘 23000TEU 液化天然气(LNG)双燃料动力超大型集装箱船。这 16 艘新船中的 10 艘是在 2022 年签约的订单，包括大船集团的 6 艘 15000TEU 甲醇动力船、沪东中华的 4 艘 LNG 动力 23000TEU 船，只有江南造船的 6 艘 15000TEU 甲醇双燃料动力大型集装箱船为此次新签订单，这也是江南造船首次建造甲醇动力船。

江南造船承接的这批订单中的 6 艘船是由江南造船自主研发设计并落实订单建造的鲲系列第三型船舶。该型船采用绿色甲醇作为主要燃料，可实现全航程近零碳排放，拥有完全自主知识产权。该型船总长 366 米，型宽 51 米，型深 30.2 米，可承载 15.6 万吨货物。其线型采用了近似技术和高效全局优化算法，并结合数值水池(CFD)与物理水池(船模试验)的验证，实现了最优化。同时，还充分考虑船东运营工况的实际需求，对综合水动力性能也进行了不断完善和优化，最终形成了性能俱佳的新船型。经过严格、严谨和严密的科学测试，该型船的船舶能效设计指数可降低 60%以上，满足全球最严格排放要求。

根据英国航运服务商克拉克森的统计数据，2023 年第一季度全球集装箱船新船订单共计 37 艘，其中多达 21 艘为甲醇动力船，包括达飞集团在现代三湖重工的 12 艘 13000TEU 船、韩国航运公司 HMM 在现代三湖重工和 HJ 重工(原韩进重工)的 9 艘 9000TEU 船。在第一季度总计 39.25 万 TEU 集装箱船订单中，甲醇动力船为 23.7 万 TEU，占比超过 60%，甲醇燃料成集装箱船订单主流。相比之下，在 2022 年第一季度总计 158 艘的集装箱船新船订单中，只有马士基订造了 4 艘 16000TEU 甲醇动力船。达飞与中国船舶集团签订的 16 艘新船订单，是中国船舶集团首次批量承接甲醇燃料动力集装箱船订单，这标志着中国船舶集团一举跻身全球新型清洁能源动力船舶俱乐部。至此，中国已经有 4 家船厂进军甲醇动力大型集装箱船建造领域，包括江南造船(6 艘 15000TEU 船)、大船集团(6 艘 15000TEU 船)、扬州中远海运重工(4 艘 16000TEU 船)以及南通中远海运川崎和大连中远海运川崎(12 艘 24000TEU 船)。

据中国船级社 2023 年 12 月 8 日发布的《航运低碳发展展望 2023》报告，“目前国际上已有近 30 艘甲醇燃料动力船投入运营，其中以货物作燃料的甲醇运输船 24 艘，其余为车客渡船、引航船、集装箱船等。截至 2023 年 11 月，全球甲醇动力船新造订单已达到 220 余艘，其中集装箱船 150 余艘，其余为散货船、油轮、海工船、汽车运输船等船型”。2023 年 12 月 28 日工信部等五部门联合印发的《船舶制造业绿色发展行动纲要(2024—2030 年)》中提出，到 2025 年，“液化天然气(LNG)、甲醇等绿色动力船舶国际市场份额超过 50%”。

在装备配套方面，业界正在拓展甲醇发动机产品谱系，研制甲醇燃料供应系统，规划布局甲醇燃料加注港口。灰色甲醇主要通过煤、天然气等制备，基于可再生碳源、生物质、可再生电力等的绿色甲醇产能相对匮乏。截至 2023 年底全球范围内规划的绿色甲醇制备项目超过 80 个，若全部投产，2027 年全球绿色甲醇产能可达 800 万吨/年。在全生命周期温室气体排放框架下，绿色甲醇可减排 63%～99%，能够实现船舶中长期减排目标，成为航运业未来深度减排的重要替代燃料之一。

主要船用燃料特性分析表见表 3-2，常用船舶燃料体积能量密度如图 3-26 所示，几种船用燃料性能比较见表 3-3。

表 3-2　主要船用燃料特性分析表

序号	燃料	液态储存			低热度 /(kJ/kg)	能量密度 /(MJ/L)	碳含量	碳转换系数	相对于轻柴油(MGO)		
		温度 /℃	压力 /MPa	密度 /(kg/m³)					重量率	容积率	减碳率
1	轻柴油(MGO)	0～40	0.101	890	42700	38.0	0.8774	3.206	1.00	1.00	0%
2	低硫燃料油(VLSFO/ULSFO)	0～50	0.101	991	41200	40.8	0.8594	3.151	1.04	0.93	−1.86%
3	重燃料油(HFO)	0～50	0.101	991	40200	39.8	0.8493	3.114	1.06	0.95	−3.17%
4	丙烷	−48	0～1.8	590	46300	27.3	0.8182	3	0.92	1.39	13.7%
5	丁烷	−11.9	0～1.8	630	45700	28.8	0.8264	3.03	0.93	1.32	11.69%
6	液化天然气(LNG)	−162	0～1.0	425	48000	20.4	0.75	2.75	0.89	1.86	23.69%
7	乙烷	−89	0～0.5	550	47800	26.3	0.7989	2.972	0.89	1.45	18.44%
8	甲醇	0～37	0.101	791.8	19900	15.8	0.375	1.375	2.15	2.41	7.97%
9	乙醇	0～30	0.101	789	26800	21.1	0.512	1.913	1.59	1.80	4.93%
10	氨	−33	0～1.8	617	18600	11.5	0	0	2.30	3.31	100%
11	氢	−253	0～0.4	70.8	119640	8.5	0	0	0.36	4.49	100%

资料来源：李银涛．绿色低碳船舶发展趋势及未来展望[J]．中国船检，2023(4)：68.

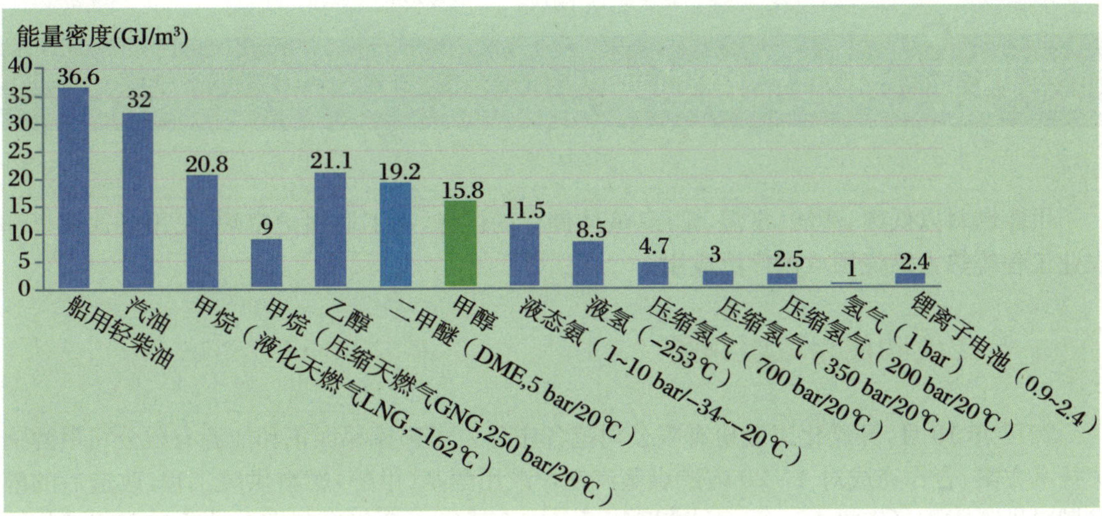

图 3-26　常用船舶燃料体积能量密度

资料来源：国际甲醇网。

表 3-3　几种船用燃料性能比较

可燃物类型	低位热值 /(MJ/kg)	体积能量密度 /(GJ/m³)	储存压力 /bar	储存温度 /℃
甲醇	19.9	15.8	1	20
二甲醚	28.9	19.2	5	20
液化天然气	48.6	20.8	1	−162
压缩天然气	48.6	9	250	20
液态氨	18.6	11.5	1～10	−34(1 bar) −20(10 bar)
液氢	120	8.5	1	−253
压缩氢	120	4.7	700	20
汽油	43.4	32	1	20
船用轻柴油	42.8	36.6	1	20
锂离子电池	0.4～1	0.9～2.4	1	20

资料来源：国际甲醇网。

截至 2023 年底，在全球前十大集装箱运力巨头中，已经有 4 家订造了甲醇动力船，包括排名第二的马士基（丹麦）、排名第三的法国达飞、排名第四的中远海运集团以及排名第八的韩国现代商船（HMM）。全球最大集运公司地中海航运（瑞士）此前曾公开表示，正计划在新船中使用甲醇燃料，从而促进向绿色甲醇的过渡。排名第五的德国赫伯罗特船舶公司还传出将订造 6 艘 4000TEU 甲醇动力船的消息。排名第六的中国长荣海运将订造 24 艘 16000TEU 甲醇动力集装箱船，三星重工和日本造船联合（JMU）有望分享订单。排名第十的中国台湾万海航运新造船也传出中意甲醇动力。

第四节　热力燃烧领域

甲醇燃料以低碳、清洁、常温、常压、液体储存的优势，在工业锅炉窑炉、民用餐饮炊事和农业工程等热力燃烧领域被广泛应用。

一、工业和民用取暖锅炉

2017 年 10 月，开滦化工股份有限公司范各庄分公司选择深圳正和能源有限公司甲醇锅炉技术方案，合作完成对 4×20 吨燃煤蒸汽锅炉改用醇基（甲醇）燃料供暖工程，改造后的醇基燃料供暖锅炉当年投入运行，至 2022 年已经安全运行了 5 年供暖期。该项工程仍然保持燃煤蒸汽锅炉群整体改用醇基燃料锅炉世界第一和规模第一。改用醇基燃料后，锅炉最高热效率达到 95.23%，比原燃煤锅炉提高 30%以上。燃烧污染物排放指标在满足现行标准限制基础上得到大幅降低。以保障供热面积 41.3 万平方米为基准，改造后每个供暖期可减少烟尘、二氧化碳和氮氧化物的排放量分别为 5 吨、35 吨和 21 吨。单个供暖季能耗降低 5499 吨标准煤，节省脱硫、除尘成本 180 万元，减少 6000 余吨炉渣固废物，基本排除了因燃煤、炉渣堆存以及装卸造成的二次扬尘污染。每个供暖季可减少用工 2500 余个工日（1 个工日＝1 个人工×1 天工作时间），减少水资源使用量 20 余万吨。

二、陶瓷烧结窑炉

甲醇作为陶瓷烧制燃料。一是可大幅提升陶瓷产品质量，烧成白度比液化气提高 3 度，红色杯子烧结色彩还原性好，色彩鲜艳，对比明显；二是甲醇燃料烧结陶瓷省时、省钱，时间减少约 10%，黄点次品率为 0%；三是陶瓷烧结生产过程排放更干净，实现陶瓷生产过程绿色和环保。基于甲醇燃料纯净、成分稳定的特性，陶瓷烧结的釉色更加鲜艳。许多传统难以烧结的釉彩，使用甲醇燃料烧结，成功率可提高 20%～30%。福建德化顺美集团中标 2022 年北京冬奥会陶瓷吉祥物生产，选用福建大为能源有限公司甲醇燃料陶瓷烧制技术，用甲醇燃料烧结，圆满完成了 2022 年北京冬奥会及冬残奥会吉祥物“冰墩墩”“雪容融”陶瓷吉祥物（图 3-27）生产，向世界展示了中国可再生能源甲醇燃料应用的硬科技。

图 3-27　“冰墩墩”“雪容融”陶瓷吉祥物

三、空心玻璃微珠烧结(图 3-28)

2019 年 10 月,深圳正和能源有限公司与中科华星新材料有限公司合作,开展了“空心玻璃微珠燃烧工艺及燃料技改项目”攻关。历经 1 年多的研制和生产实验,于 2020 年 12 月顺利通过用户验收。该项目产品合格率 100%,单位产能提高 200%,单位成本降低 21.5%,实现全球空心玻璃微珠燃烧领域“醇基液态燃料空心玻璃微珠焙烧”技术零的突破,是中国创造,更是中国在甲醇燃料燃烧控制技术上的创新!

图 3-28 空心玻璃微珠烧结

四、烟草烟叶烘烤(图 3-29)

我国烟草烟叶密集型烤房超过 220 万座,年消耗煤炭 1800 万吨。应用福建大为能源有限公司甲醇燃料热力燃烧技术,推广甲醇替代煤炭烘烤烟叶,一是提高烟叶品质,助力美丽乡村建设;二是替代煤炭消耗,减少碳排放量;三是有效治理烟叶烘烤地区环境污染,实现环境友好。中国烟草烟叶烘烤应用甲醇燃料,获得政府主管部门、行业机构、产业和烟农的广泛认可,实现了双向、多向共赢的可持续发展态势。

图 3-29 烟草烟叶烘烤

五、农业工程

1. 甲醇燃料发动机无人机

在区域和局部田间作业时，可有效实现相对长航时作业，环境友好，提高单班/次工作效率，实现安全稳定作业。

2. 甲醇气肥机

为果蔬大棚果实类植物提供温度、湿度和二氧化碳浓度，在保障果蔬产品质量、品相的基础上，果蔬大棚种植果蔬的产量增加30%以上。推广应用甲醇气肥机，既可为美丽乡村建设提供技术支撑和保障，也可为果蔬大棚种植业创造丰产丰收，更可为大众生活提供更丰富和优质的果蔬产品。

3. 甲醇燃料燃烧器

在畜牧养殖行业，为快速消杀病虫害隐患，提供满足消杀要求的环境，使用甲醇燃料燃烧器更高效，且能降低能耗成本，对环境更加友好。

4. 农副产品烘烤、烘焙、烘干

粮食类农产品烘烤，副食品类食品、果品烘焙，调味品类榨菜、辣椒烘干，以及如烟叶烘烤一样的橡胶烘烤等，甲醇燃料正在以自身含氧的特性（燃烧过程可以实现氧化保护），在农产品和食品加工行业发挥难以替代的作用。

六、餐饮炊事

甲醇燃料在餐饮炊事领域被称作醇基燃料、醇基液体燃料、醇基清洁燃料、醇基民用燃料、醇基液体生物燃料组分油、民用改性甲醇燃料等，主要用于机关、学校、企业、酒店、商业、城乡家用餐饮炊事专用甲醇燃料灶具。

以甲醇为主配制的醇基液体燃料，是甲醇燃料在餐饮炊事领域应用最广的别名。我国一直高度重视醇基液体燃料的标准规范和安全监管工作，在生产制备、包装储存、运输装卸、使用和事故处置、道路运输安全监管等环节，先后出台了一系列国家、地方、行业和团体的标准规范。

在生产环节发布了 GB 16663《醇基液体燃料》强制性国家标准、NY 311《醇基民用燃料》强制性行业标准，还有 T34/AHJC 0005《醇基清洁燃料》、T/GSQN M85X. 006《醇基液体生物燃料组分油(MF85XO)》、T/CERS 0002《民用改性甲醇燃料》、T/HNZLJC 001《醇基液体燃料》等团体标准。

在包装储存环节发布了 AQ 3018《危险化学品储罐区作业安全通则》、AQ 3036《危险化学品重大危险源　罐区现场安全监控装置设置规范》、GB/T 325.1《包装容器　钢桶　第1

部分:通用技术要求》、T/HNZLJC 002《醇基液体燃料生产、储存安全管理规范》等。

在运输装卸环节发布了 AQ 3003《危险化学品汽车运输安全监控系统通用规范》、AQ 3004《危险化学品汽车运输安全监控车载终端》、GB 12463《危险货物运输包装通用技术条件》、JT/T 617《危险货物道路运输规则》、JT/T 1285《危险货物道路运输营运车辆安全技术条件》、T/HNZLJC 003《醇基液体燃料经营安全管理规范》等。

在使用和事故处置环节发布了 DB13/T 5053 河北省《农村民用醇基燃料清洁取暖、炊事通用技术要求》、DB43/T 1781 湖南省《餐饮用醇基液体燃料使用安全规程》、DB22/T 3409 吉林省《餐饮用醇基液体燃料安全使用技术规范》、T34/AHJC 0004 安徽省《醇基清洁燃料行业安全操作规范》、T/GSQN 015 甘肃省《餐饮行业醇基液体生物燃料使用安全通用技术要求》、T/CAREI 001《民用醇基液体燃料安全技术规范》(中国农村能源行业协会)、T/GZWSA C01 贵州省《醇基液体燃料应用安全技术规程》、T/GDPAWS 10 广东省《醇基液体燃料使用安全技术规范》、T/HNZLJC 004 海南省《醇基液体燃料使用安全管理规范》、NY 312 农业部《醇基民用燃料灶具》、GA/T 970 公安部《危险化学品泄漏事故处置行动要则》、GB 18265《危险化学品经营企业安全技术基本要求》等。

在加强道路运输安全监管环节出台了《危险货物道路运输安全管理办法》(2019 年 11 月 10 日交通运输部等 6 部门联合印发)、《关于加强危险货物道路运输运单管理工作的通知》(交通运输部发布(交办运函〔2020〕531 号))、《常压液体危险货物罐车治理工作方案》(交通运输部等 4 部门发布(交运发〔2021〕35 号))、《道路运输车辆动态监督管理办法》(交通运输部等 3 部门发布,2022 年 2 月 14 日第二次修正)等。

醇基液体燃料是满足城乡居民日常用能需求的低碳经济安全环保型新能源,近年来在我国餐饮酒店等行业和领域,因地制宜地被推广应用。但其在生产、储存、经营、运输、使用和废弃物处置环节还存在诸多问题,概括起来主要是:国家标准规范滞后,推广应用举步维艰;政府政策引导乏力,市场监管宽严失当;用户安全意识薄弱,事故隐患令人担忧;风光水核氢氨争宠,甲醇燃料“含冤蒙尘”。此外,在餐饮炊事领域,植物油、杂醇油、无醇油、石蜡油、溶剂油、混合油、白油、液蜡油等所谓的新型液体厨房燃料乱象丛生,无序竞争!

醇基液体燃料是常温常压液体,不属于易爆产品,只要严格执行制度监管和安全监控,安全风险可控。推广应用醇基液体燃料,是实现国家绿色能源替代战略的重要组成部分,是构建能源多元清洁供给新格局、保障国家能源安全、打赢蓝天保卫战、实现“双碳”目标的重要路径之一。

七、甲醇无火焰制热设备及技术

由北京燕东兆阳新能源科技有限公司自主创新研制的甲醇催化氧化反应(无火焰)制热技术和系列装置产品(图 3-30),已经被广泛应用在取暖和制热领域。该技术是在常温常压状态下,将甲醇和空气按比例送入特殊反应装置室,在管程放出热量,热量通过管壁直接被壳程冷流体快速吸收,将介质加热。

1. 制热技术特点

安全性高,工作状态常压,全程无明火,设备自身和制热过程不存在安全隐患类风险。

图 3-30 甲醇催化氧化反应(无火焰)制热技术和系列装置产品

2. 系统装置产品特点

环保性好，反应过程不产生火焰；经济性优，系统采用全智能控制，制热温度可控可调；热效率高，系统催化氧化反应热效率在 99%以上，工作效率在 96%以上，在高寒地区和高原缺氧地区使用效果更佳；安装使用方便，使用系统安装时，无须改造原始供暖管网，无须改变导热介质，根据需求调节触摸屏幕按钮（或手机远程）调节控制回水温度；使用寿命长，系统工作状态无火焰，无明火，设备不结焦结碳，无自腐蚀自废旧。

甲醇无火焰制热设备及技术可用于替代北方散煤燃烧取暖，可解决淮河、长江流域地区冬季供暖和石油石化领域冬季作业供暖供热问题，可广泛应用于汽车 4S 店维修烤漆房加热烘干、农村养殖业、国防边防海防营地、应急和抢险救灾、野外作业和旅游宿营等场所。

八、甲醇燃料首次成为亚运圣火

火炬是亚运会、奥运会等重要体育赛事上不可或缺的元素，人们先后采用过金属镁、天然树脂、液化气乃至橄榄油等充当火炬燃料。随着环保要求提高，1996 年后的火炬大多采用丙烷或丙烷混合物等含碳燃料，东京奥运会采用的是氢能燃料。

甲醇是一种低碳燃料，可在常温常压下运输和使用，具有安全高效、排放清洁的特点。2023 年 9 月杭州第 19 届亚运会熊熊燃烧的主火炬使用的燃料是“绿色零碳甲醇”，这不仅在亚运史上是第一次，在全球大型体育赛事上也是首次。甲醇这种绿色燃料也因为杭州亚运会，走入了大众的视野。

此次亚运会使用的绿色甲醇，是由捕集回收的二氧化碳与氢气经催化反应合成的。“用新型燃料来点火，能不能做到安全、稳定、美观，都需要从零开始计算模拟、试验验证且不断地迭代优化。”中国工程院院士、浙江大学碳中和研究院院长、浙江工业大学校长、白马湖实验室主任高翔说。高翔院士团队长年深耕能源高效清洁利用领域，前期已在绿色燃料制取及利用的研究上取得了一系列突破，这次服务杭州亚运会，主要开展了亚运会主火炬燃烧核心装置方案设计、燃烧优化、绿色燃料制取、燃料安全储运等6项保障工作。为此，高翔院士专门组建了一支50多人的联合攻关团队，与亚组委、浙江吉利控股集团、白马湖实验室、浙能集团、北燃集团和浙江工业大学等单位合作，经过200多天的联合攻关，通过理论计算、全尺寸数值模拟、先进燃烧诊断、复杂气象条件及耐久性测试评估，解决了主火炬可靠安全点火、稳定清洁燃烧、火焰形态与焰色调控等关键难题，并在亚运会开幕式场馆进行了长时间实地测试，评估主火炬对场馆空气质量、顶棚及设备的影响，保障了主火炬的高光亮相。同时，联合攻关团队还建设了二氧化碳合成绿色甲醇项目，利用可再生能源制取绿氢，与烟气捕集的二氧化碳反应合成绿色甲醇燃料，实现了二氧化碳捕集利用和绿色甲醇燃料制备，并成功实现了这种新型燃料的应用。如何确保燃料在储存、运输和加注过程中的安全？火炬能否经受恶劣天气的考验？研制过程中，高翔院士团队不断地测试数据，不断地优化方案，将这项技术成功应用到开幕式场馆。高翔院士说："由于主火炬的设计创意与点火仪式是高度保密的，每次试验都在其他开幕式彩排人员撤离现场后进行。夜深人静时正是我们热火朝天工作的时候。主火炬点燃后，我们要在60多米的高空、环境温度可达50多摄氏度的火焰上方开展长时间的温度和燃烧产物等测试，并在奥体中心多个位置进行全方位的长时间空气质量监测评估。这些工作，几乎每次都是在晚上12点后进行，同时需要根据测试结果快速给出多重保险的优化改进方案，确保装置运行的安全可靠。"作为亚运会环境保障部特聘专家，高翔院士也在开幕式现场见证了主火炬点燃的这一刻。"很高兴很自豪！我们将加快推动甲醇等绿色燃料在交通运输、工业等领域的推广应用，以科技创新助推国家绿色低碳发展，为擦亮高质量发展底色贡献更多力量。"

甲醇燃料在热力燃烧领域常被称作醇基燃料或醇基液体燃料。醇基燃料是以醇类（如甲醇、乙醇、丁醇等）物质为主体配制的液体或固体燃料，在热力燃烧领域中基本上是以甲醇为主体配制的液体燃料，是一种生物质能，和太阳能、风能、水能一样，是绿色清洁替代能源。

据中国石油和化学工业联合会醇醚燃料及醇醚清洁汽车专业委员会发布的《中国甲醇燃料市场2023》报告，2022年甲醇燃料用于锅炉、家用采暖炉、窑炉、灶具等热力燃烧市场的消耗量达到了685.9万吨，热力燃烧用甲醇燃料消费由灶用和锅窑炉用组成，其消费量分别为452万吨和233.9万吨，占总消费量的57.48%和29.75%。热力燃烧用甲醇燃料消费量最大的地区为湖北省，消费量达63万吨，陕西省以60万吨的消费量紧随其后，排名第三的为四川省，三地消费量占中国热力燃烧用甲醇燃料消费量的25.7%。

2022年灶用甲醇燃料消费首次全覆盖调研所涉及的31个地区，其中有23个地区在灶用方向的消费量占据本地区热力燃烧用甲醇消费量的50%以上，而超过本地区甲醇燃料消费总量50%的有19个。灶具是甲醇燃料消费量最大且分布最广的细分方向。四川省以50万吨的消费量成为国内灶用甲醇燃料消费量最大的地区，排名第二的湖北省也达到了48万吨，排名前6的省份共消费灶用甲醇燃料223万吨，占国内灶用甲醇燃料的49.3%。

2022年，中国锅窑炉用甲醇燃料消费量保持稳中有升的态势。山西省为国内锅窑炉用甲醇燃料消费量最大的地区，消费量达35万吨，其次为陕西省，消费量达28万吨。在被调研的地区中，共有8个地区的锅窑炉用甲醇燃料占当地热力燃烧用甲醇燃料消费量的比例超过50%。

第四章

液态阳光

液态阳光甲醇指利用太阳能等可再生能源分解水制绿氢、耦合二氧化碳加氢技术生成的甲醇，被称为“绿色甲醇”。液态阳光还可指通过这种路径合成所有其他液体燃料和化学品，如乙醇、汽油、航空煤油等。地球能源来自太阳能，因此广义的太阳能包含了常见的风电、水电、生物质等多种可再生能源。绿色甲醇是指以可再生能源为能量来源，通过催化转化将二氧化碳和水作为原料合成的甲醇产品。该过程是将太阳能转化为化学能并储存于甲醇分子中，因此在科学概念上可统称太阳燃料甲醇或液态阳光甲醇。生物质甲醇也属于绿色甲醇范畴，其本质是通过植物光合作用将太阳能转化为生物质能，再经热化学或生物化学过程转化为甲醇。绿色甲醇是对甲醇产品的原料来源及制备路径的碳排放强度进行分类的结果，包括可再生能源电制甲醇、生物质制甲醇以及生物质气化耦合绿氢制甲醇等。此外考虑到我国固有的煤化工结构体量，还有液态阳光Ⅱ型：利用大规模可再生能源如太阳能/风能/水能等发电，进而电解水产氢集成耦合传统煤化工制甲醇技术，用电解水制氢替代传统煤化工中水气变换的制氢过程，从而实现零碳排放煤化工制甲醇。

本章主要介绍液态阳光技术、液态阳光示范、液态阳光经济、液态阳光推广应用中面临的困难和问题、创新发展液态阳光经济的对策与建议。

第一节 液态阳光技术

如图 4-1、图 4-2 所示，广义的液态阳光技术主要包括：实现零碳排放的煤制甲醇技术；生物质制甲醇技术；利用太阳能、风能、水能等可再生能源分解水（光解水或电解水）制备绿氢、将 CO_2 加氢转化制甲醇技术；甲醇制氢（水氢）技术等。李灿院士团队的液态阳光技术，已入选 2022 年度 IUPAC（国际纯粹与应用化学联合会）化学领域十大新兴技术。该技术不仅可解决 CO_2 排放问题，还可将再生能源转化为液体燃料，提供了可再生能源储存和运输新途径，为我国实现碳中和目标提供一条全新的技术路线。

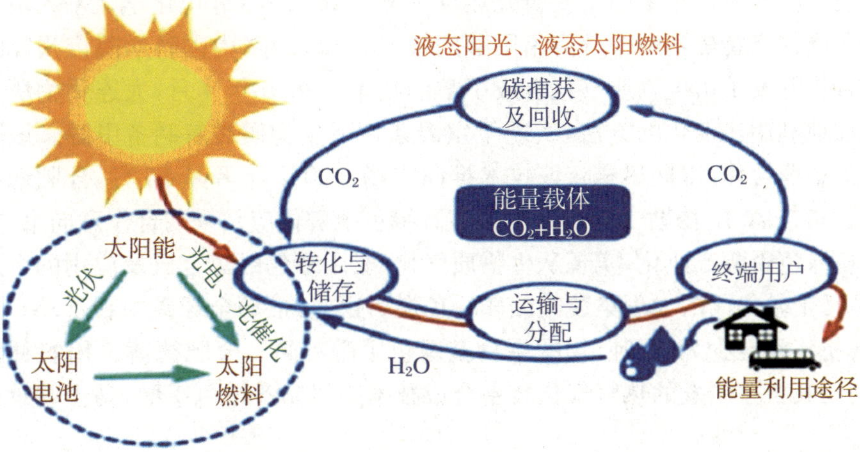

图 4-1　液态阳光的实质就是利用太阳能等可再生能源将水和二氧化碳转化为液体甲醇燃料（施春风、张涛、李静海、白春礼等人提出）

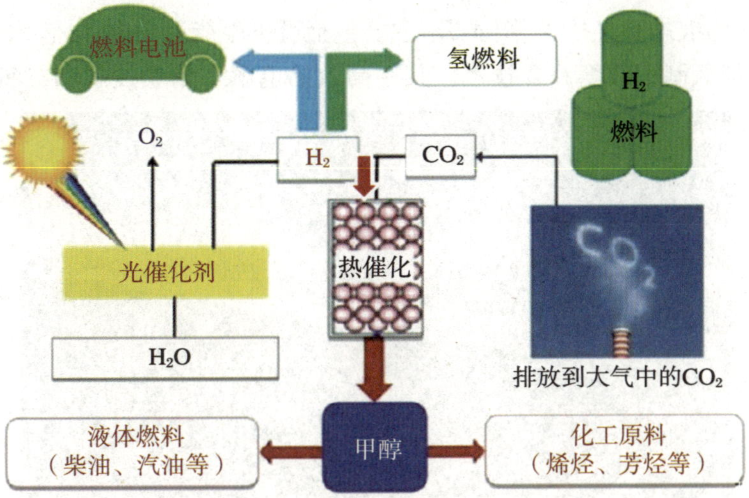

图 4-2　液态阳光和氢能结合示意图

一、实现零碳排放的煤制甲醇技术

2020 年 11 月，甘肃省张掖市山丹县“光伏制氢 + 耦合煤制百万吨甲醇”项目正式签约。该项目依托大连化物所重要研究成果，利用大规模可再生能源如太阳能、风能、水能等发电，进而电解水产氢耦合传统煤化工制甲醇技术，用电解水制氢替代传统煤化工中水气变换制氢过程，从而实现零碳排放煤化工制甲醇。

二、生物质制甲醇(BTM)技术

生物质被认为是仅次于煤炭、石油和天然气的第四大能源，由于生物质资源的优势，生物质制甲醇技术已成为近年来的主要研究热点。早在 1661 年，近代化学奠基人玻意耳教授首创从木材干馏的产物焦木酸中分离出甲醇的技术。2002 年，中国科学院广州能源研究所和香港大学合作开发了由生物质气化合成甲醇的技术。2020 年 4 月，大连化物所王峰研究员团队创新性地利用光催化的方法，实现了室温条件下生物质裂解制备甲醇。该团队正在致力于与相关企业合作，以期尽早将该技术推向市场。2022 年 8 月 15 日，合肥德博生物能源科技有限公司与 A. P. 穆勒—马士基集团签署绿色甲醇供应及采购合作意向书，携手推进生物气化制备绿色甲醇产业化，实现从生物质气化、船用绿色甲醇合成及应用的全产业链商业闭环，保障马士基集团的大型集装箱船舶绿色燃料供应，推动全球碳中和行动。根据合作意向书，德博将建设至少 20 万吨/年的生物基绿色甲醇项目。合肥德博采用农林废弃物为生产原料，利用其自主研发的热解气化装备合成技术路线制备绿色甲醇，马士基承诺对该燃料进行采购。

三、可再生能源分解水制氢、将二氧化碳加氢转化制甲醇技术

该技术又称为液态阳光技术(图 4-3)，主要包括可再生能源发电、电解水制氢、二氧化碳捕集、二氧化碳加氢制甲醇等综合技术。其中高效的电解水制氢技术和二氧化碳加氢制甲

图 4-3　液态阳光技术

醇技术均受到一定的制约，两者均是国内外研究的热点，分别有一大批团队正在攻克相应技术难关。液态阳光技术不仅可解决二氧化碳排放问题，还可将可再生能源转化为液体燃料，提供可再生能源储存和运输新途径，为我国实现"双碳"目标提供了一条全新的技术路线。

大连化物所李灿院士团队攻克了液态阳光中电解水制氢和二氧化碳加氢制甲醇两项关键技术。突破现有电解水制氢规模小(50～200 标方氢/小时)的限制，实现在单套电解槽上每小时产氢量大于 1000 标方氢规模化，同时将单位制氢能耗由 4.7～6.0 度/标方氢降低至 4.3 度/标方氢以内，实现全球规模化碱性电解水制氢最高效率。研发了高稳定性、高选择性二氧化碳加氢制甲醇固溶体催化剂，使催化剂稳定性由现有研究的几百小时提升至 5000 小时，将甲醇循环选择性提高到 98%以上。在此基础上，大连化物所牵头了全球首套千吨级液态阳光示范项目。

电解水制氢技术研究的强势单位有大连化物所、长春应化所和武汉大学等，相关企业有中船集团 718 所等。目前的发展趋势是大规模(1000～2000 标方氢/小时)、低能耗(小于 4.3 度/标方氢)。

二氧化碳加氢制甲醇技术研究的强势单位有大连化物所、中国科学院上海高等研究院等，相关企业有西南化工研究院等。目前的发展趋势是高效催化剂的开发及匹配工艺研究，技术整体上处于由千吨级中试向十万吨规模工业化示范过渡。

四、甲醇制氢(水氢)技术

甲醇制氢(水氢)技术是液态阳光的下游应用。为贯彻国家能源和环保战略，水氢产业联盟早在 2002 年就开始研究甲醇制氢应用。在自然系统中，液体是效率最高的媒介，具有能量存储密度高、稳定性好、存储过程损耗低、易于运输等优点(图 4-4)。甲醇作为液体燃

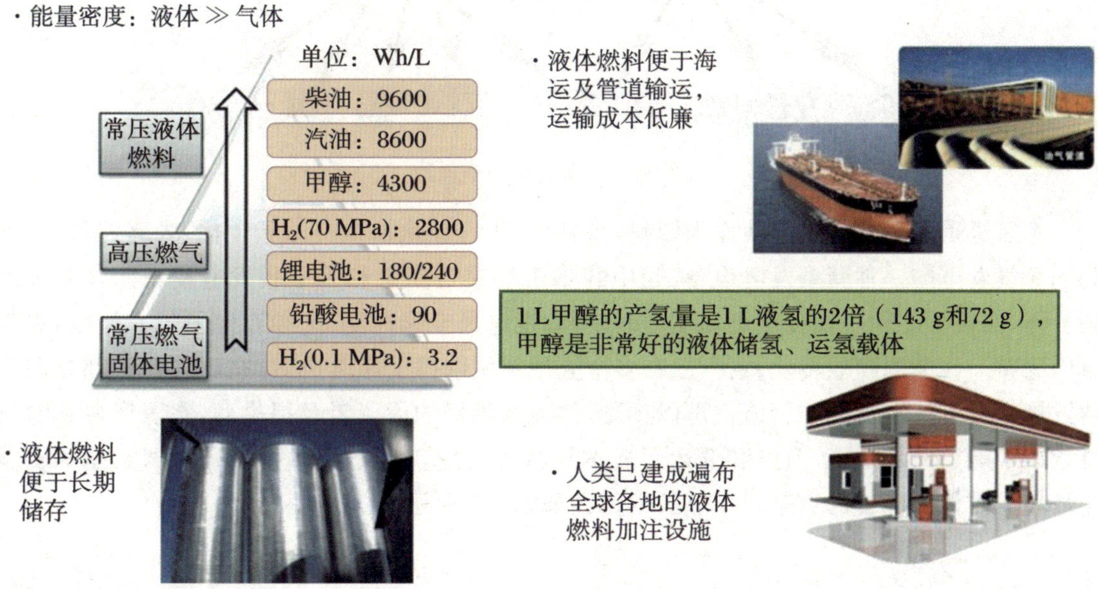

图 4-4　液体燃料的优点

料，在陆上可以管路输送，跨海输送成本很低，且可以在储罐里长期储存。我国的甲醇供应链完备。现有的甲醇转化制氢方式，包括甲醇水蒸气重整（SRM）、甲醇部分氧化重整（POM）、甲醇氧化水蒸气重整（OSRM）及吸附增强甲醇重整（SE-SRM）等。刘科院士曾表示，甲醇是目前最好的制氢、储氢材料。

向华博士团队十几年前就开始从事高效甲醇技术研究，在“水基能源向华理论”（图 4-5）的指导下，团队成功攻克了移动制氢难题，解决了氢能“储运难、成本高”两大应用瓶颈，率先在国内实现小型可移动甲醇水制氢和燃料电池发电高效集成的一体机（即水氢机）的研发和生产。实现了制氢和发电合二为一，为氢能的广泛应用打开了大门，成为目前国内生产小型可移动水氢机的高新技术企业。

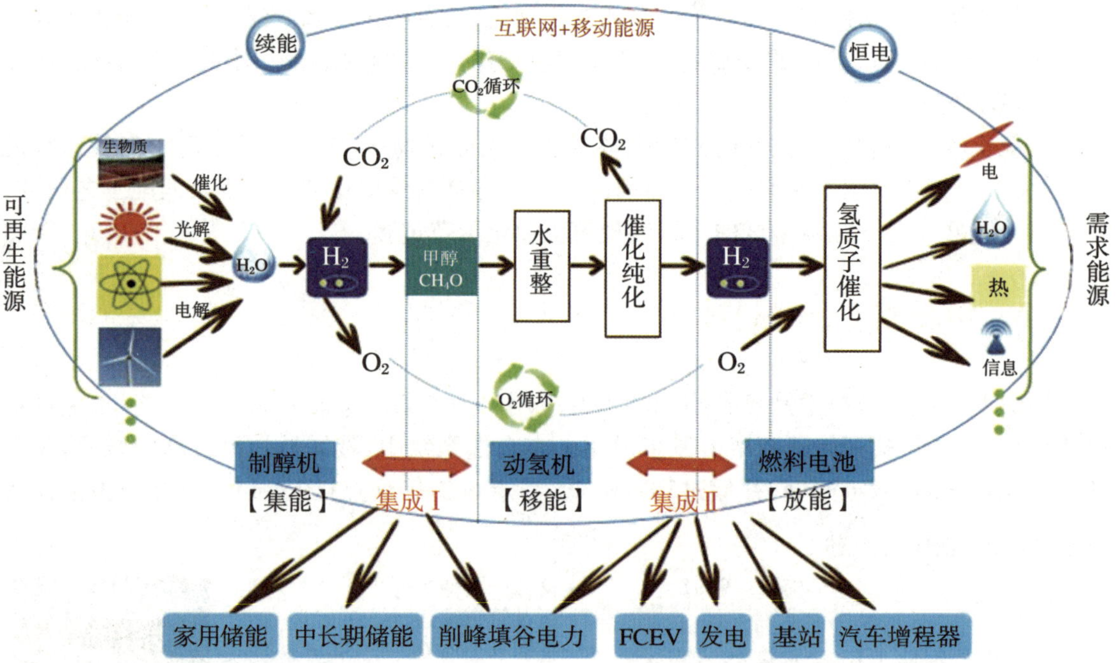

图 4-5　水基能源向华理论

水氢机是以甲醇的水溶液作为原料，将其“汽化—催化重整—原子纯化”为高纯氢气，再利用氢气发电的一种新型发电设备；是甲醇水蒸气重整制氢和质子膜发电及智控多系统的集合体，实现了在同一设备中可移动即时制氢、发电及全能控制，无须存储氢气。目前，水氢机作为新一代能源高效转化装备，已在多个应用领域取得了显著成效，在环境建设和能源产业发展中具有非常重要的价值。可以预见，作为水氢机的倡议者及提供商，水氢产业联盟将继续以节能、环保、智能、安全和低运营成本为特色，打造有竞争力的产品，为国家能源安全与环境保护作出应有的贡献。水氢技术路径如图 4-6 所示。

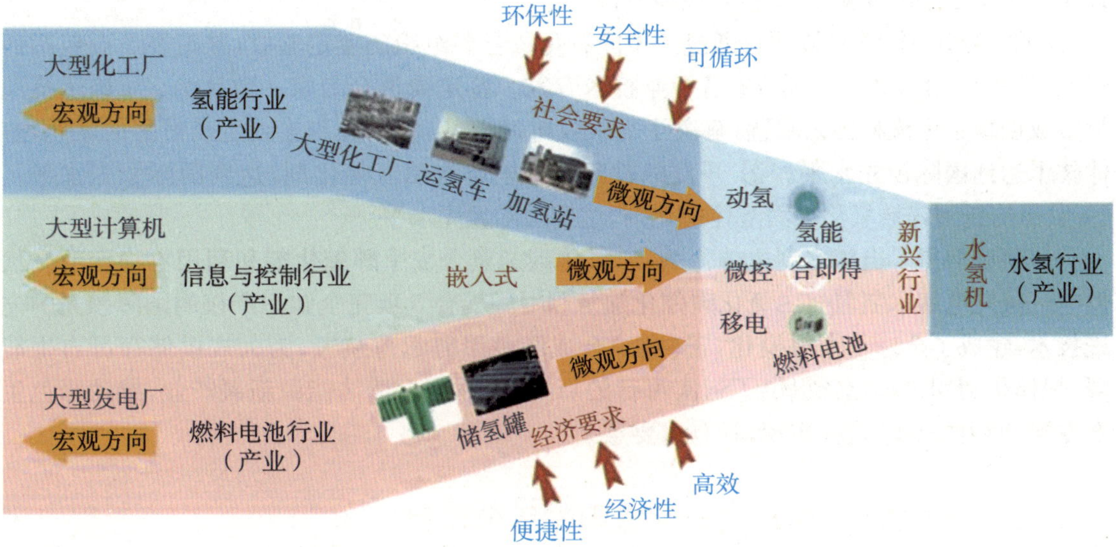

图 4-6　水氢技术路径

第二节　液态阳光示范

首位被《ACS 催化》(*ACS Catalysis*)专论文章报道的华人科学家李灿院士，提出将光反应和暗反应分两步进行的策略实现液态阳光合成，2020 年完成了全球首套千吨级液态阳光示范，对我国新能源发展、实现“双碳”目标和生态文明建设具有重要意义。

一、全球首套千吨级液态阳光示范项目

全球首套千吨级液态阳光示范项目于 2018 年 7 月启动立项，位于兰州新区，占地约 289 亩(1 亩≈666.67 平方米，后文不再赘述)；其中光伏占地 259 亩，投资 5000 万元。其包含 10 MW 光伏发电、2×1000 标方氢/小时电解水制氢和 1500 吨/年二氧化碳加氢合成甲醇三个单元，每年可消纳 1800 万度可再生能源电，同时减排 2000 吨。

该项目将电解水制得氢气与捕集的二氧化碳按 3∶1(摩尔比)进行混合，经 2 级压缩后，在固定床合成塔中再利用高性能的 ZnO/ZrO_2 催化剂合成液态的 60%粗甲醇。二氧化碳加氢合成甲醇单元采用较为廉价的耐候性先进催化剂(耐硫化物和氮氧化物等)，甲醇时空收率达到 194 kg/(m^3 · h)，循环选择性达到 98.5%，甲醇在有机相中含量达到 99.7%。

该项目于 2018 年立项，2019 年 3 月开工建设。2019 年 12 月初步建成 1000 吨/年甲醇规模化示范装置。2020 年 1 月 17 日第一次试车，生产出 60%的粗甲醇。项目初步成果于 2020 年列入中国科学院 2020 年度“科技成果转移转化亮点工作”名单。经过 6～7 个月的完善工作，确定了最终的工艺路线和技术参数，稳定运行 1 个多月(超过 1000 小时)；2020 年

10月8日，装置顺利通过72小时现场考核。

2020年10月15日该项目通过了中国石化联合会组织的鉴定验收，鉴定委员会包括何鸣元、韩布兴、丁奎岭院士等12名行业技术专家。鉴定委员会专家一致认为：① 该示范项目集成创新了全流程工艺装置，解决了光伏发电间歇性、波动性与连续生产甲醇的难题，整体技术达到国际领先水平。② 开发的过渡金属电解水制氢催化剂，达到国际领先水平。③ 发明的新型锌锆氧化物固溶体催化剂，达到国际领先水平。

该项目取得了电解水制氢催化剂、二氧化碳加氢合成甲醇催化剂和利用不稳定的光伏发电—碱性电解水制氢—二氧化碳催化加氢制甲醇耦合3项完全知识产权的国际领先的先进技术，建成了全球首套规模化（千吨级）合成绿色甲醇示范装置，为大规模储存可再生能源、规模化利用二氧化碳提供了切实可行的新技术，对催生清洁能源新兴产业，推动绿色生态发展，助力“双碳”目标实现，具有重要意义。

二、全球首个10万吨级液态阳光示范项目

2020年2月9日，中煤鄂尔多斯能源化工有限公司10万吨/年液态阳光——二氧化碳加绿氢制甲醇技术示范项目可行性研究报告编制服务项目中标候选人公示。中标候选人第一名：中国电力工程顾问集团华北电力设计院有限公司。工艺技术：拟采用大连化物所开发的液态阳光技术。项目装置规模：风光发电装置、电解水制氢及储氢装置、10万吨/年二氧化碳加绿氢制甲醇装置及二氧化碳捕集装置等。

2020年4月18日，中煤鄂尔多斯能源化工有限公司10万吨/年液态阳光等4个规划项目环境影响评价服务项目的项目公告中显示：“本项目工艺技术考虑采用中国科学院大连化学物理研究所开发的液态阳光技术，技术水平完全可以达到国际先进水平。项目装置规模：600 MW风光发电装置（风电装机200 MW、光伏装机400 MW）；2万吨/年电解水制氢及储氢装置；10万吨/年二氧化碳加绿氢制甲醇装置及15万吨/年二氧化碳捕集精制装置。年运行8000小时，项目总投资493400万元，项目建设周期24个月。招标范围：根据甲方4个规划项目可行性研究报告及相关资料，满足最新环评报告相关规范，对中煤鄂尔多斯能源化工有限公司4个规划项目进行环境影响评价，完成环评报告编制、组织专家完成征求意见、评估论证工作，并取得政府环保主管部门环评报告批复。资金落实情况：企业自筹，已落实。服务期：6个月。服务地点：内蒙古鄂尔多斯市乌审旗图克镇工业园区中煤鄂尔多斯能源化工有限公司。”

2022年4月21日上午，中国中煤能源集团有限公司与大连化物所举行“绿色氢能与液态阳光”合作协议云签约仪式。中煤集团副总裁倪嘉宇、首席专家李晓东、规划发展部总经理李建阳等；大连化物所副所长李先锋、李灿院士，科研及职能部门相关人员等参加会议。倪嘉宇和李先锋代表双方签订合作协议，会议由李建阳主持。

2022年12月20日，中煤鄂尔多斯能源化工有限公司10万吨/年液态阳光——二氧化碳加绿氢制甲醇技术示范项目初步设计服务公开招标开标。该项目具体时间节点如下：

2023年1月28日，入选自治区风光制氢一体化示范项目清单。

2023年2月24日，光伏发电和制氢单元社会稳定风险评估公示。

2023 年 3 月 7 日，输电线路单元社会稳定风险评估公示。

2023 年 3 月 7 日，风力发电单元社会稳定风险评估公示。

2023 年 3 月 7 日，绿色甲醇合成单元社会稳定风险评估公示。

2023 年 6 月 6 日，岩土工程勘察钻探服务机械租赁竞价采购公告发布。

三、全球首个最大二氧化碳制绿色甲醇项目

2022 年 9 月 12 日，由陕鼓总包的河南顺利环保公司二氧化碳制绿色甲醇联产 LNG 项目一次开车成功，产出高品质的 LNG 产品。该项目是目前全球首个最大二氧化碳制绿色甲醇项目。

2023 年 2 月 21 日上午，由世界 500 强企业吉利控股集团和河南顺成集团共同投资的全球最大 11 万吨级绿色低碳甲醇项目在安阳正式投产。

项目综合利用顺成集团富氢富甲烷的焦炉煤气与从工业废气中捕集的二氧化碳合成甲醇联产 LNG。项目总投资 8 亿元，项目运行后，每年可综合利用焦炉煤气 3.6 亿标准立方米，生产甲醇 11 万吨，联产 LNG 7 万吨，预计可实现年销售收入 5.6 亿元。

项目通过合成甲醇，直接减排 16 万吨二氧化碳，相当于增加森林种植面积 16 万亩，折合 106 平方千米(间接减排 60 万吨二氧化碳，相当于增加森林面积 60 万亩，折合 400 平方千米)。具有良好的社会效益和经济效益，同时对我国减少碳排放、实现碳中和、增加清洁能源具有重要示范意义。

项目采用冰岛碳循环利用(CRI)公司的 ETL 专有绿色甲醇合成工艺和国内新的焦炉煤气净化冷冻法分离液化天然气及二氧化碳捕集技术。

项目投产当天，顺成集团采购的 300 台吉利远程重卡作为物流车投入使用。车辆所使用的燃料来自安阳甲醇工厂生产的绿色低碳甲醇，预计每年可节省燃料费 3000 万元左右，同时将减少柴油消耗 1.5 万吨、减少碳排放 4.5 万吨。

四、全球首座液态阳光加氢站示范项目

2021 年 10 月 21 日，中集安瑞科投资控股(深圳)公司与大连化物所签订战略合作协议。双方携手推进液态阳光制氢加氢装备(含加氢站和二氧化碳捕捉合成装备)在氢能产业链上的应用，共同开展北京 2022 年冬奥会液态阳光加氢站示范项目，签约仪式同期举行了全国首座液态阳光加氢站示范项目发布剪彩仪式。大连化物所李灿院士指导实施的液态阳光绿色氢能示范项目，利用以太阳能为代表的可再生能源高效电解水制氢，耦合二氧化碳合成液态阳光，是集甲醇在线制氢、分离纯化、升压加注及二氧化碳液化回收等功能于一体的自主创新制氢加氢装备技术，以甲醇作为储氢载体，解决高密度储运氢气的安全性问题，降低了氢气储运成本，可灵活调整产能，实现氢气的现产现用。结合中集安瑞科的撬装装备，占地面积较小，可广泛应用于港口码头、公路场站及大型交通工具等多种制氢用氢场景。其碳回收装置可将制氢过程产生的二氧化碳液化回收利用。相比于碳捕集与封存(CCS)，将二氧化碳转化为液态阳光是碳捕获利用(CCU)技术，在获得液态能源产品的同时实现可再生能

源转化利用、二氧化碳减排和大规模储能。李灿院士主持开发的全球首套液态阳光现场制氢加氢装备已于2020年10月通过了中国产业促进会组织的技术成果鉴定，并通过了液态阳光加氢站安全运行专家论证，作为张家口可再生能源示范区冬奥示范项目成功运行。

五、国内外绿色甲醇典型项目汇总

目前，国内外均已开展较多二氧化碳加氢制绿色甲醇项目。国外部分项目投产较早，且已实现商业化，近年又有新项目开工建设(参见表4-1)。相较之下，国内相关项目起步较晚，但发展迅速。截至2024年一季度末，项目总投资超过4000亿、产能超过1.2亿吨。其中，2023年以前项目投资不足百亿、产能不足60万吨；2023年项目投资超过3000亿、产能超过2000万吨；2024年一季度项目投资过千亿、产能过亿吨(参见表4-2)。

表4-1　国外液态阳光绿色甲醇典型项目一览表

序号	项目地点及名称	投资方	产量	状况	碳源/氢源
1	冰岛 George Olah 可再生二氧化碳制甲醇工厂项目	冰岛国际碳循环公司(CRI)	4000吨/年	2011年投产	二氧化碳/电解水制氢
2	瑞士 Swiss Liquid Future 电子甲醇厂商项目	Swiss Liquid Future	500万升/年	2012年开工	二氧化碳/电解水制氢
3	德国莱茵集团(RWE)火力发电厂项目	9个欧洲合作伙伴	1吨/天	2019年开工	电厂捕集二氧化碳/电解水制氢
4	瑞典钢铁集团 SSAB 和塔塔钢铁公司合作 FReSMe 项目	FReSMe 财团	1吨/天	2020年关停	高炉捕集二氧化碳/电解水制氢
5	比利时 North-C-Methanol 绿色甲醇项目	North Sea Port 等	45000吨/年	2020年启动	二氧化碳/电解水制氢
6	美国 Fairway Methanol 公司项目	日本三井和美国塞拉尼斯公司	13万吨/年	2021年开工	二氧化碳/合成气/一氧化碳与氢气混合气
7	日本 Circular Carbon Methanol 项目	三菱瓦斯化学株式会社	1.5吨/天	2022年开工	二氧化碳/电解水制氢
8	比利时 Power to Methanol 电甲醇工厂项目	安特卫普港财团	8000吨/年	2023年投产	二氧化碳/电解水制氢
9	挪威 Finnfjord(硅铁合金制造商)项目	冰岛国际碳循环公司(CRI)	10万吨/年	2023年开工	二氧化碳/电解水制氢
10	瑞典 FlagshipONE 绿色甲醇项目	瑞典循环碳能源公司等	5万吨/年	2024年投产	二氧化碳/电解水制氢

续表

序号	项目地点及名称	投资方	产量	状况	碳源/氢源
11	荷兰 Hynetherlands(HyNL)项目	ENGIE/OCI/EEW	27000 吨/年	—	二氧化碳/电解水制氢
12	加拿大 Pacific Hydrogen Canada 太平洋氢气公司项目	Renewable Hydrogen Canada	12 万吨/年	—	二氧化碳/电解水制氢
13	德国绿色甲醇项目	美国道氏化学公司(Dow)	20 万吨/年	—	二氧化碳/电解水制氢
14	德国西海岸 100 甲醇工厂项目	Westküste 100(西海岸 100)	—	—	水泥厂捕集二氧化碳/电解水制氢

表 4-2　国内液态阳光绿色甲醇典型项目一览表

序号	签约/立项时间	项目名称	项目投资/亿元	产能/(万吨/年)
1	2018 年 7 月	兰州新区全球首套千吨级液态阳光示范项目	1.41	0.15
2	2020 年 4 月	中煤鄂尔多斯能源全球首个 10 万吨级液态阳光示范项目启动	49.34	10
3	2020 年 9 月	中海油海南东方市二氧化碳加氢制甲醇项目评估	—	0.50
4	2022 年 11 月	江苏斯尔邦石化有限公司二氧化碳制绿色甲醇项目	2.25	10
5	2022 年 11 月	扬州吉道鄂托克旗年产 33.75 万吨绿色合成甲醇项目	24.80	33.75
2023 年以前小计(5 个项目)			77.80	54.40
6	2023 年 1 月	元鳇能源扬州吉道巴彦淖尔新能源生物制绿色甲醇项目	250	100
7	2023 年 1 月	绿色技术银行南京江北新区年产 38 万吨绿色甲醇项目	33	38
8	2023 年 2 月	中国船舶集团通辽市 50 万千瓦风电制氢制甲醇一体化示范项目	28.53	18
9	2023 年 2 月	吉利科技与河南省顺成集团全球最大二氧化碳制绿色甲醇项目	8	11
10	2023 年 3 月	中煤鄂尔多斯 10 万吨/年液态阳光(二氧化碳加绿氢制甲醇)示范项目	49	10
11	2023 年 3 月	中能建松原氢能产业园(绿色氢氨醇一体化)项目	296	20
12	2023 年 4 月	吉利集团与吴忠市通达煤化工合作建设 30 万吨/年绿色低碳甲醇项目	70	30
13	2023 年 4 月	中车山东风电公司新疆奇台智慧能源装备产业园项目	116.40	45

续表

序号	签约/立项时间	项　目　名　称	项目投资/亿元	产能/(万吨/年)
14	2023年5月	淖尔天润巴彦淖尔市200万千瓦风电制氢制50万吨甲醇项目	140	50
15	2023年5月	国家电投麦芬隆山东烟台50万吨高端绿色甲醇生产项目	30	50
16	2023年5月	内蒙古兴安盟金风绿能化工200万千瓦风电制氢制50万吨绿色甲醇项目	30	50
17	2023年6月	中广核扬州吉道赤峰市巴林左旗百万吨(一期20万吨)绿色甲醇项目	260	100
18	2023年6月	浙能集团绿色航运战略合作协议及风电制氢合成绿色甲醇项目	4.35	1
19	2023年6月	上海电气吉林洮南绿氢+一体化项目	224	100
20	2023年7月	岚泽能源50万吨生物质绿色甲醇(30万吨)航煤(20万吨)项目	83	30
21	2023年7月	赤峰绿色氢链技术有限公司30万吨生物质甲醇项目	10	30
22	2023年7月	国家电投河南省南阳市生物质绿色甲醇项目	109	34
23	2023年8月	国家电投通辽风光制氢融合甲醇一体化示范项目	63	30
24	2023年8月	远景通辽风光制氢氨醇一体化项目	98	30
25	2023年9月	远景煤化工耦合绿氢/绿醇项目	30	30
26	2023年9月	中国能建双鸭山市百万吨级绿色甲醇生产基项目	168	100
27	2023年9月	盛虹石化10万吨/年二氧化碳制绿色甲醇项目	3.50	10
28	2023年10月	明阳绿色化工(赤峰)有限公司年产100万吨绿色甲醇示范项目	67.52	100
29	2023年10月	元鳇能源年产70万吨绿色甲醇示范项目	24.50	70
30	2023年10月	华电辽宁朝阳二氧化碳加绿氢制20万吨绿色甲醇项目	—	20
31	2023年11月	中远海运中广核年产百万吨绿色甲醇产销一体化项目	—	100
32	2023年11月	中国能建白城市可再生绿色能源一体化项目	260	30
33	2023年11月	国家电投吉林电力股份有限公司30万吨绿色甲醇项目	—	30
34	2023年11月	岚泽能源年产30万吨绿色甲醇项目	22.50	30
35	2023年11月	元鳇能源(巴彦淖尔)有限公司年产100万吨绿色甲醇示范项目	38	100
36	2023年12月	中国能建绿色甲醇(20万吨)与航煤(10万吨)一体化生产基地项目	120	20

续表

序号	签约/立项时间	项目名称	项目投资/亿元	产能/(万吨/年)
37	2023年12月	中国氢能年产30万吨生物质甲醇项目	—	30
38	2023年12月	大唐集团云南省科学技术院云南省绿色氢能源与液态阳光甲醇示范项目	—	—
39	2023年12月	中国能建赤峰市风光氢醇一体化及氢能配套产业项目	266	12
40	2023年12月	内蒙古久泰霍尼韦尔30万吨绿色甲醇制10万吨绿色航空煤油项目	—	30
41	2023年12月	国能中电能源集团林木废弃物合成绿色甲醇项目	—	16
42	2023年12月	国家电投梨树风光制绿氢生物质耦合绿色甲醇项目	45.09	20
43	2023年12月	国家电投大安风光制绿氢生物质耦合绿色甲醇项目	—	20
44	2023年12月	瑞恒茂集团多倍体芦竹种植及配套建设30万吨/年绿色甲醇项目	—	30
45	2023年12月	中民实业华能新能源营口年产500万吨醇氢清洁燃料低碳产业项目	60.50	500
46	2023年12月	三一重能吉林长岭风光氢储氨数字化示范项目	65	32.70
2023年小计(41个项目)			3072.89	2107.70
47	2024年1月	上海电气洮南市风电耦合生物质绿色甲醇一体化示范项目	21.70	25
48	2024年1月	运达吉利招商局太平湾河北邯郸百万吨绿色甲醇制备示范区项目	115.00	100
49	2024年1月	中广核兴安盟制甲醇项目一期年产40万吨生物质绿甲醇项目	22.50	40
50	2024年1月	许昌隆基生物能源有限公司襄城12万吨/年绿色甲醇项目	12.76	12
51	2024年1月	内蒙古液态阳光能源全球首个亿吨级液态阳光绿色甲醇制造项目(一期年产绿色低碳甲醇50万吨、二期500万吨、远期1亿吨)	185.30	10000
52	2024年1月	中国能建哈尔滨市双城区风光氢氨醇一体化项目	300	——
53	2024年2月	中广核中化学兴安盟200万千瓦风电制氢制甲醇一体化项目	160	80
54	2024年2月	中国能建吉林市绿色甲醇与绿色航煤一体化项目	120	20

续表

序号	签约/立项时间	项目名称	项目投资/亿元	产能/(万吨/年)
55	2024年2月	合肥德博瑞昌市全球首台套15万吨级生物质气化制备绿色甲醇项目	11	15
56	2024年3月	中国天楹股份张掖市风光储氢氨醇一体化项目	—	—
57	2024年3月	中石化辽宁省朝阳市风光耦合制氢制甲醇项目	—	—
58	2024年3月	晶科巴林左旗风光制氢制甲醇项目(绿氢制甲醇部分)	12.94	20
59	2024年3月	中民实业湖北江陵年产300万吨数字化低碳醇氢清洁燃料项目	300	300
60	2024年3月	广东液态阳光赤峰市宁城县产20万吨绿色甲醇项目	15.80	20
2024年一季度小计(14个项目)			1277.00	10632.00
合计(60个项目)			4427.69	12794.10

第三节　液态阳光甲醇经济

太阳能是人类使用的所有能源的根本来源，是永不枯竭的清洁能源。而甲醇就是液态化的阳光，是一种实现绿色发展的高效、经济、环保的能源系统。因此经济学界提出了“液态阳光经济”的概念，意指将液态阳光广泛应用于各个领域，实现可持续发展，并与自然和谐共处，由此催生、引发、形成的经济。工信部甲醇汽车推广应用专家指导委员会副主任兼秘书长魏安力指出，我国的甲醇汽车试点，从2012年开始，选择了有条件的10多个城市，进行了长达5年的试点，通过5亿多条数据分析证明，甲醇作为车用燃料是清洁、高效和安全的，国家推广甲醇汽车的方向十分明确。推广使用甲醇新能源无论是对于国家和全球的能源安全，还是实施节能减排，前景都是光明的。而且我国甲醇船舶的规范已经实施，甲醇锅(窑)炉已经进入工业领域，甲醇炊事灶具已经广泛使用。由此，可以再次说明，液态阳光经济已经在工业、交通、民用等多领域悄然形成，液态阳光经济时代已经来临。

液态阳光经济集中体现在以下几个方面：

宏观层面：保障人类能源安全，推动能源产销革命，助力“双碳”目标实现。

中观层面：引领产业协同发展，替代传统能源原料，增添国民经济效益，彰显国际金融价值。

微观层面：制备领域阳光灿烂，车用领域日新月异，船舶领域如火如荼，电池领域方兴未艾，工业领域蒸蒸日上，民用领域勇毅前行。

一、宏观层面

1. 保障人类能源安全

人类为了生存，不仅需要一些诸如食物、淡水、住房、衣服等必需品，而且还需要大量的能源。自远古穴居人能够生火以来，我们的祖先就已经利用许多资源(从最初的木头、植被到后来的泥炭等)来取暖和煮食。自工业革命以来，煤炭成为了主要能源。20 世纪，石油和天然气又加入了主要能源行列。煤、石油、天然气被称为矿物燃料，是自然界经过亿万年演变而形成的。然而这些矿物燃料一旦被燃烧，在人类的时间尺度内是不可再生的，于是矿物燃料会由于过度使用而逐渐耗尽。我们可获得的石油和天然气储备可能只够维持到 21 世纪末，而煤炭资源储备也仅供人类再使用一个或两个世纪，因此我们需要为未来能源去寻找新的获取途径。我国主要能源矿产储量与可使用年限见表 4-3，表中可使用年限以当前储量和开采速度计。

表 4-3　我国主要能源矿产储量与可使用年限

序号	矿产	单位	2021 年储量	2022 年产量	可使用年限
1	煤炭	亿吨	2078.85	45.60	(≈46 年)×2.18≈100 年
2	石油	亿吨	36.89	2.05	(≈18 年)×2.78≈50 年
3	天然气	亿立方米	63392.67	2201.10	(≈29 年)×2.76≈80 年
4	煤层气	亿立方米	3659.68	—	—
5	页岩气	亿立方米	5440.62	—	—

注：油气(石油、天然气、煤层气、页岩气)储量参照国家标准《油气矿产资源储量分类》(GB/T 19492—2020)，为剩余探明技术可采储量；其他矿产储量参照国家标准《固体矿产资源储量分类》(GB/T 17766—2020)，为证实储量与可信储量之和。

资料来源：《中国矿产资源报告 2022》。

我们认为，通过利用目前还可获得的矿物燃料资源以及对二氧化碳进行加氢还原来生产甲醇，是一种切实可行且方便储存能量的方法。在短期内，可行的甲醇生产新方法有：既可以利用目前还可获得的天然气资源来高效合成甲醇，还可对工业废气中的二氧化碳进行加氢转化成甲醇。从长远来看，捕获和回收利用空气中的二氧化碳将成为可能。空气与石油和天然气截然不同，地球上每个人都可以轻易获得空气，而空气中的二氧化碳组分是一类取之不竭、可以循环使用的碳资源。由二氧化碳制得的甲醇(通过利用任意一种能源从水制得所需要的氢)本身就是一种优秀燃料，可用于未来的内燃机或燃料电池。因此，甲醇可以解除人类对正在不断减少的石油和天然气(甚至煤)资源的依赖。

我国是人口大国，同样还是工业大国，由于我国石油存储量不够支撑经济社会发展的需要，只能依靠石油外购这条路。相关统计显示，我国石油对外依存度超过了 70%的警戒线。

原油净进口自2019年突破5亿吨后持续保持高位，2021年达到5.1亿吨，比2012年增长90.0%，年均增长7.4%。甲醇像阳光一样清洁无污染，几乎不排放氮氧、硫氧化物及挥发性有机颗粒物和苯、丁二烯等多种致癌物质，是世界公认的百年清洁新型替代化石能源。甲醇组分单一、性能稳定、长期储存不易变质，可在常温、常压下进行大规模安全储存、运输与加注，其具备的可再生、清洁、环保属性，是其他能源不可比拟的。据我国液体能源需求量预测，如果甲醇燃料应用规模达到3.5亿吨以上，可将我国原油对外依存度降到30%以下。因而，29位院士联名建议我国建设甲醇战略储备，以期保障国家能源安全。甲醇替代石油可有效保障能源安全。我国是世界第二大石油消费国和最大的石油进口国，发改委数据显示，2021年我国石油进口量为5.13亿吨，如果使用甲醇替代，那么可大幅减少石油的进口依赖。假如国内三分之一的柴油车使用甲醇燃料，就能减少6000万吨的石油进口，而这仅仅是1.5亿吨的煤炭消耗量，可见我们的甲醇优势有多明显。

当今世界的发展离不开化石燃料，而“液态阳光”将可能成就未来世界。因为绿色燃料来源于阳光，是可再生的不竭能源，在保护环境的同时，能够对未来多种现代化应用及服务起到至关重要的作用。

2. 推动能源产销革命

党的十八大以来，以习近平同志为核心的党中央高瞻远瞩，审时度势，统筹能源发展和安全，作出一系列重大战略部署。2014年6月，习近平总书记在中央财经领导小组第六次会议上指出，面对能源供需格局新变化、国际能源发展新趋势，保障国家能源安全，必须推动能源生产和消费革命。推动能源生产和消费革命是长期战略，必须从当前做起，加快实施重点任务和重大举措。习近平总书记强调，要推动能源消费革命，抑制不合理能源消费；推动能源供给革命，建立多元供应体系；推动能源技术革命，带动产业升级；推动能源体制革命，打通能源发展快车道；全方位加强国际合作，实现开放条件下能源安全。这是总揽全局，谋划长远，着眼人与自然和谐发展，以新发展理念引领新时代经济发展，以全球视野谋划能源发展新格局而作出的重大战略部署（简称“四个革命、一个合作”战略）。习近平总书记深刻阐述了推动能源革命的必要性和紧迫性，准确研判发展大势，精准提出能源发展基本要求，指明能源高质量发展的方向和路径，对能源工作作出了战略布局和全面安排，为我们做好能源工作提供了根本遵循。

“革命”二字富有深意。以“革命”的表述作为中长期能源发展的目标，重在强调能源体系从消费到供给等各方面都将产生颠覆性的重大变革，在科技和体制双驱动的基础上，培育催生出新的能源产业和新的能源业态，推动能源发展方式从粗放增长转向集约增长，推动能源系统清洁化、低碳化，实现能源长期可持续发展。

实现能源生产和消费方式转变的标志是成功构建现代能源体系。能源消费革命、供给革命、技术革命、体制革命和能源国际合作是能源革命的五个组成部分，它们各有定位，各有侧重，互为支撑，相辅相成，缺一不可。其中，能源消费革命是关键，能源供给革命是基础，能源技术革命是动力，能源体制革命是保障，能源国际合作是趋势。要推动实施能源革命战略，需要统筹能源消费、供给、技术、体制革命，同时加强能源国际合作。任何一个组成部分发展滞后，都有可能导致能源革命进程的不均衡、不协调，延误能源革命的整体进展。

能源是应对气候变化的重要领域，全球能源绿色低碳转型已呈不可逆转之势。在相关政策的支撑和引导下，新能源领域科技研发与投入不断增加，全球能源正加速向低碳化、无碳化方向演变，一次能源中可再生能源占比将持续走高（如图 4-7～图 4-9、表 4-4 所示）。

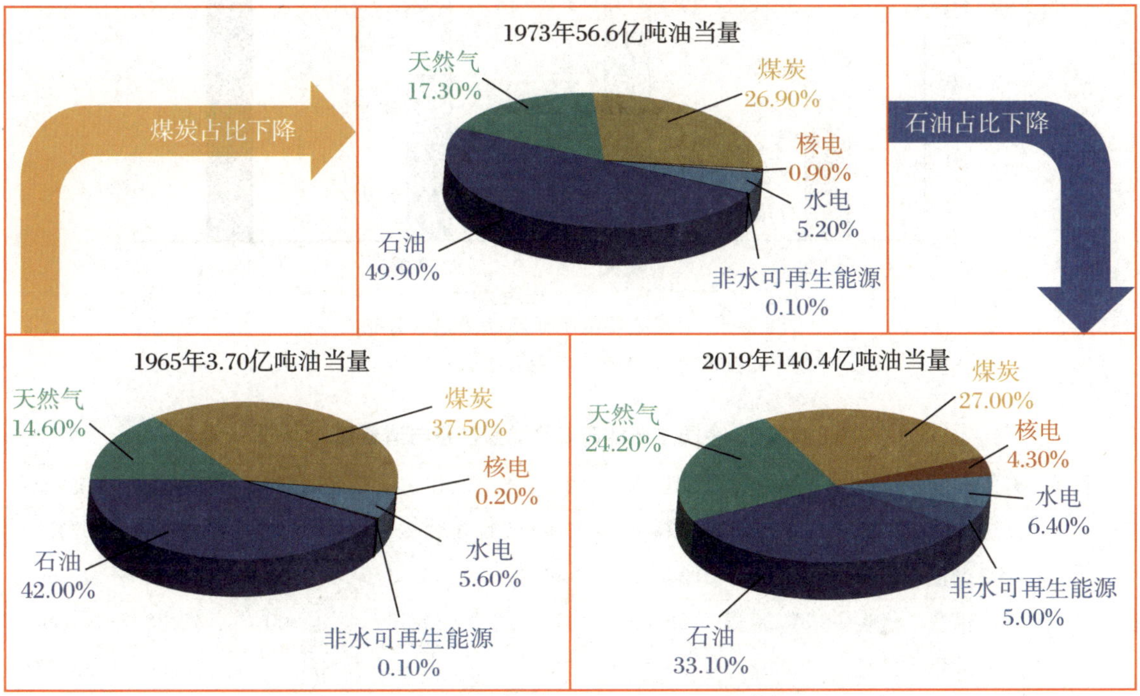

图 4-7　全球一次能源消费品种与结构演变

资料来源：《BP 世界能源统计年鉴 2019》。

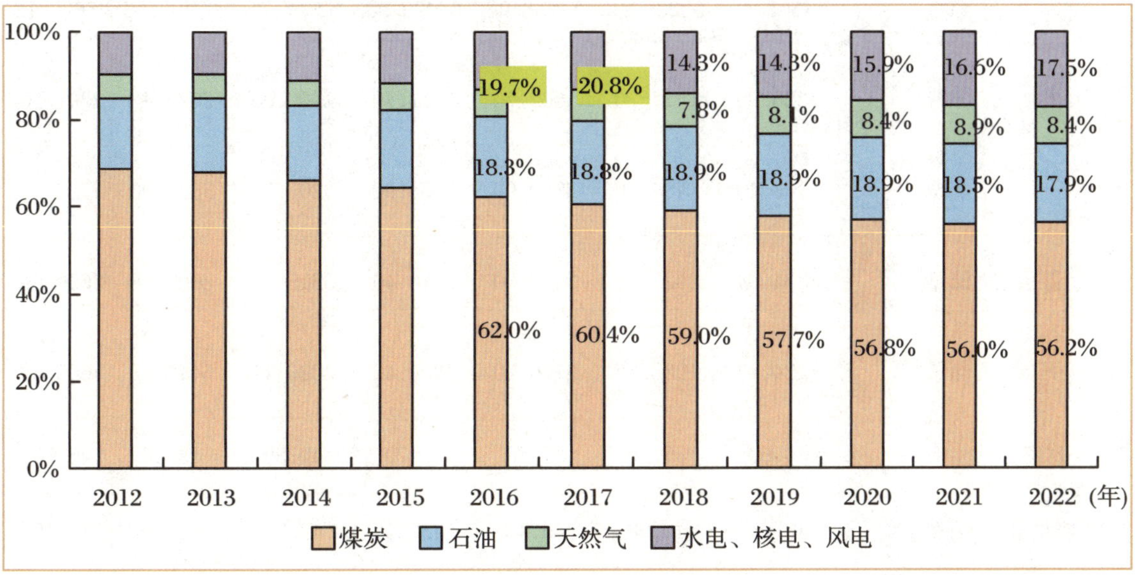

图 4-8　中国一次能源消费结构变化

资料来源：《中国矿产资源报告 2023》。

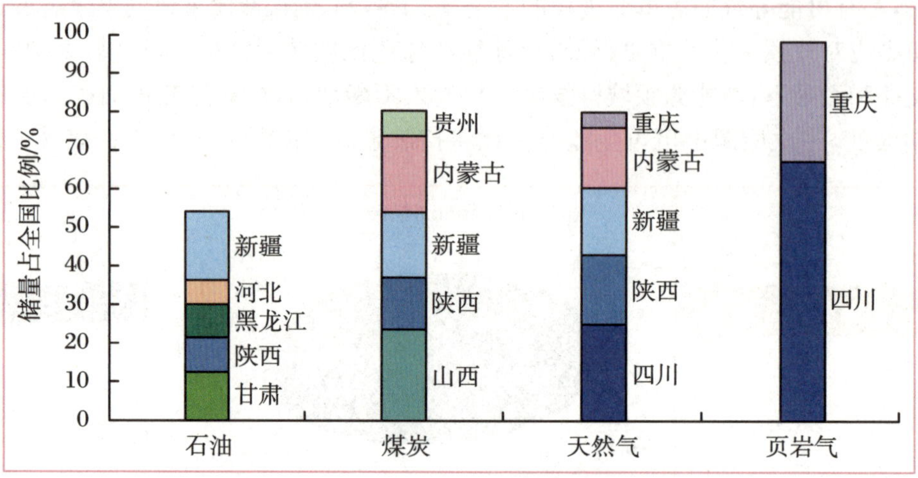

图 4-9　中国主要能源矿产储量地区分布

资料来源:《中国矿产资源报告 2023》。

表 4-4　中国主要能源矿产储量产量与消费量

序号	矿　产		单位	2016 年	2017 年	2018 年	2019 年	2020 年	2021 年	2022 年
1	煤炭	储量	亿吨	15980.01	16666.73	17085.73	17385.83	1622.88	2078.85	2070.12
		产量	亿吨	33.60	34.50	36.80	38.50	39.00	41.30	45.60
		消费	亿吨	37.80	38.00	38.90	39.30	43.00	42.30	44.40
2	石油	储量	亿吨	35.01	35.42	35.73	46.93	36.19	36.89	38.06
		产量	亿吨	2.00	1.92	1.89	1.91	1.95	1.99	2.05
		消费	亿吨	5.79	5.96	6.20	6.50	6.70	7.20	7.00
3	天然气	储量	亿平方米	54365.46	55220.96	57936.08	66026.98	62665.78	63392.67	65690.12
		产量	亿平方米	1368.30	1474.20	1602.70	1761.70	1925.00	2075.80	2201.10
		消费	亿平方米	2103.40	2404.40	2850.00	3058.00	3306.00	3690.00	3727.70
4	煤层气	储量	亿平方米	3344.04	3025.36	3046.30	3110.40	3315.54	3659.68	3659.69
5	页岩气	储量	亿平方米	1224.13	1982.88	2160.20	9804.40	4026.17	5440.62	5605.59
一次能源生产消费总量		生产	亿吨标煤	34.60	35.90	37.70	39.70	40.80	43.30	46.60
		消费	亿吨标煤	43.60	44.90	46.40	48.60	49.80	52.40	54.10

资料来源:《中国矿产资源报告 2017—2023》。

1965—1973年，煤炭占比下降约11%，而油气占比则增加10%。1973—2019年，石油占比下降近17个百分点，而天然气、核电、水电、风电、光伏等清洁能源占比大幅提高（尤其是非水可再生能源占比增加了4.9%）。虽然煤炭、石油、天然气等化石能源占比在2019年仍超过84%，仍然占主体地位，但随着风电、光伏发电等可再生能源技术发展与装机规模化快速扩大，可再生能源成本不断降低，可再生能源发展明显提速。

目前，我国液态阳光技术已成熟，正在向规模化发展。其中，全球首套千吨级规模的液态阳光示范项目已经在兰州成功投产；山西省正在建设垃圾、秸秆气化制生物质甲醇装置，预计生产成本与煤制甲醇相当，利用我国每年约7.5亿吨的生物质体量，可制取绿色甲醇超过3亿吨。世界绿色氢能组织联合创始人、中国汽车工业协会标准法规工作委员会专家陈刚表示，在交通领域推广甲醇应用，能够助力我国实现碳中和目标，而且不必对整个工业体系提出额外的、大的改动要求。据统计，截至2010年初，我国已经有18个省区市开展了燃料甲醇与甲醇汽车的研发推广工作。目前，液态阳光在热力燃烧领域的应用市场已遍及全国20多个省份。液态阳光已广泛化、工程化、规模化、规范化应用于交通燃料、供热燃料和灶用燃料等领域，企业的数量和规模都已进入快速发展通道。液态阳光应用涉及的专用设施设备、专用器具、专用部件等全产业链（包括生产、经营、储存、运输和使用等各环节）正在逐步建立和完善。液态阳光经济已经成为推动我国能源生产和消费革命的一支生力军。

3. 助力“双碳”目标实现

首先，甲醇是储能的良好载体。甲醇、液化天然气、液氨、液氢等都是液态燃料，就能量而言，甲醇单位体积的能量密度优势明显，甚至高于液氢。1升液氢（需冷凝到零下253℃）只有72克氢气，1升甲醇与水反应可放出143克氢气，1升甲醇的产氢量是1升液氢的2倍，甲醇储氢质量分数达到了18.75%。利用液态阳光技术可将太阳能等可再生能源储存在甲醇中，提供了一个发电-（特）高压输电之外的可再生能源储存和输运的新模式，是可再生能源转化为各种化学能的枢纽。作为完成碳中和目标的重要路径，液态阳光技术可以规模化解决化石资源领域的二氧化碳排放问题。液态阳光是解决可再生能源消纳的良好途径，与将氢气压缩到高压汽车储氢罐相比，甲醇是非常好的液体储氢、运氢载体。以甲醇为原料，将小型甲醇重整制氢设备与燃料电池进行高度集成，氢气即产即用，可实现即时制氢发电。1吨甲醇相当于存储6000～7000度电。氢气制造很便宜，可一旦压缩到几百标准大气压的时候成本就会提高。张家口冬奥会做氢能示范，国家补贴了大量资金，目标是在未来几年氢气价格可以达到30元/千克。但是，如果在车上用甲醇，按现在的市场价格，每千克氢气的成本仅15元。显然，由风能、太阳能和煤结合制出比较便宜的甲醇，通过车载甲醇制氢并与燃料电池系统集成，比直接燃烧的发动机效率更高。

第二，液态阳光技术是解决高污染行业碳减排的重要路径。生产1吨液态阳光可转化1.375吨CO_2。目前我国CO_2年排放量约100亿吨，其中发电、石化等八大高排放行业占了近一半；如果将这些CO_2捕集合成液态阳光，不仅每年可以减少50亿吨碳排放，还可以生产30多亿吨液态阳光。

第三，液态阳光技术是实现煤制甲醇零碳排放的最佳路径。我国当前甲醇表观消费量达到了9000万吨/年，其中煤制甲醇约占76%（焦炉气和天然气制甲醇分别占17%、7%）。

煤制甲醇的过程中会排放大量 CO_2，每生产 1 吨煤制甲醇约排放 3 吨 CO_2。若采用液态阳光技术，可带动风光发电约 3.5 亿千瓦时左右，减排二氧化碳 4.5 亿吨。

第四，生物质制液态阳光潜力巨大。我国生物质能资源十分丰富，这些资源主要包括：农作物秸秆和农业加工残余物、林木和林业加工剩余物、人畜粪便、工业有机废物和水生植物、城市生活污水和垃圾等。1996 年，我国各种主要农作物秸秆(稻谷、小麦、玉米等)总量为 7.05 亿吨，折合标准煤 3.49 亿吨；农业加工残余物(稻壳、花生壳、蔗渣等)约 3.89 亿吨，经加工处理后为 0.84 亿吨，折合标准煤约 0.36 亿吨；薪材及林业加工剩余物合理资源量为 1.58 亿吨，折合标准煤 0.9 亿吨；人畜粪便生物质资源总量 4.43 亿吨，折合标准煤 2.37 亿吨；城市生活垃圾清运量 1.0825 亿吨，有机物含量(纸浆、塑料、橡胶等)37.5%；全国城市的生活污水排放量约为 167 亿立方米，有机物含量约为 1500 万吨。由此可知，我国每年生物质能资源总量约为 7.5 亿吨标准煤，可制取液态阳光超过 3 亿吨，生物质制液态阳光开发潜力巨大。

目前，我国正在积极推进液态阳光产业化应用。2022 年 3 月，中国科学院公布了“中国科学院科技支撑碳达峰碳中和战略行动计划”。其中提出，以甲醇、氢气、储能作为平台技术，构建多能融合的清洁低碳能源生产和消费技术体系，支撑我国“双碳”目标的实现。

二、中观层面

1. 引领产业协同发展

在能源发展的强大阵容中，绿色甲醇燃料是不容忽视的“新锐力量”和“潜力股”。特别是近年来，随着国家深刻理解“甲醇替代能源前景广阔”，加强顶层设计和宏观调控，从中央至地方出台了一系列指向明确、内容具体的政策措施，推动甲醇产业发展和甲醇汽车应用，为能源安全、节能减排、“双碳”目标实现乃至乡村振兴战略推进，注入新动能、带来新机遇。在践行能源安全新战略行动中，四川省发展改革委原副主任、省委省政府决策咨询委员会委员刘资甫，基于对甲醇产业的关怀重视和深入研判，主导编写了一份立意高远、措施具体的《“农工商＋金融”融合创新行动方案》。该方案指出：甲醇通过其原料再生性、规模储存性、低碳安全性、广泛市场性、巨大产业性、承载金融性六大特性，去撬动“三农”、链动工业、带动商业、融通金融，具有带动“农工商协同发展”的强大能量和助力实现国家三大战略(2014 年 12 月 9 日，习近平总书记在中央经济工作会议上的讲话指出：“中央决定，要重点实施‘一带一路’、京津冀协同发展、长江经济带三大战略。”)的不可替代的综合优势，能够形成“大消费、大市场、大参与、大产业”，承载大金融的引擎杠杆功能和作用。甲醇不仅自身体量规模大，而且关联带动的产业规模更加巨大。我国是甲醇生产与消费第一大国，目前国内甲醇化工产业年消费近 6000 万吨甲醇，仅甲醇化工产业的上下游就达万亿元规模。据中国科学院专家测算，甲醇燃料市场规模约是甲醇化工市场的 9 倍。如此测算，我国甲醇燃料市场需求规模就可达 5 亿吨/年，市场规模效应可超 50 万亿元，可带动的关联产业内需也可超过 100 万亿元，可打造集“产供销＋产学研用＋能化共轨”一体化的高度智能化新能源产业集群体系，助力破解发展不平衡不充分问题，引领城乡区域和产业高质量协同发展。

2. 替代传统能源原料

甲醇作为燃料几乎可以在所有的应用领域替代油、气、煤、电等传统能源。在交通领域，甲醇可替代汽油、柴油等，在陆海空的汽车、重卡、船舶、飞机等所有交通工具中作为动力燃料。在工业农业领域，甲醇可用作工业上的锅炉、窑炉，农业中的农机机具、烤烟、蔬菜大棚、农产品烘干加工机械等的热力燃料。在商用民用领域，甲醇可用作餐饮炊事炉灶具、采暖保暖供暖装置等的热力燃料。在电力领域，利用供需不匹配而过剩的电能电解水制氢，与 CO_2 合成甲醇，不仅可以削峰填谷，提高设备利用率，而且增强了电网的稳定性，提高电厂利用率，减少碳排放。

甲醇是目前最好的制氢原料，可通过“甲醇重整制氢技术”和“燃料电池发电技术”整合，突破氢气的“制、储、运、充”等安全技术瓶颈和解决成本经济难题，是氢能源大力发展的最有效途径，市场前景广阔。甲醇是最重要的基础化工原料，一次性的加工产品近 30 种，衍生深加工的产品可达上百种，广泛应用在化工、建材、医药、农药、染料、颜料等行业。甲醇经微生物发酵生成的甲醇蛋白，富含氨基酸、维生素和蛋白质，具有营养价值高、成本低的优点，可代替鱼粉、大豆、骨粉等用于牲畜、家禽、鱼类的饲养。以绿色甲醇创新技术和产品为抓手，带动国内甲醇产业突破与布局，催生和引发新业态新动能。

3. 增添国民经济效益

能源安全关乎国家安全、民生安全，不能仅按一般性产品项目的经济性指标来评价，应该用“全生命周期”和国民经济评价方式，对甲醇能源或通过生物质生产甲醇的技术路线与其他各类能源进行评价。如应考虑以下影响因素。其一，汇率风险效益。每年国家进口石油、天然气使用美元大约 3000 亿，还有因国际油价不可控所带来的损失和美元汇率风险带来的损失。其二，环境治理效益。化石能源所造成的污染，国家每年对污染的治理投入。其三，大众健康效益。化石能源石油、煤的利用带来的雾霾、颗粒物给人民健康带来的危害，国家由此实施的全民医保，每年国家医保的支出。其四，三农补贴效益。国家每年上万亿资金扶持补贴三农，如采用农村生物质制甲醇将带动三农直接参与投资甲醇的生产、消费，促进三农发展。其五，成本优势效益。根据国家对试点甲醇车辆的经济性分析，车辆每 100 千米消耗甲醇为 35.19 元，消耗汽油为 70 元左右。每吨标号汽油终端用户价在 8000 元左右，每吨甲醇终端用户价仅 2500～3000 元。其六，能源效能效益。甲醇能效高，甲醇汽车与汽油车相比，能效提高约 21%，CO_2 排放减少约 26%。甲醇锅炉比电锅炉、燃气锅炉性价比高 20%，具有作为功能资源储备的经济合理性。

4. 彰显国际金融价值

综上所述，甲醇的自然属性、市场属性和社会属性，特别是可规模化/分散储存性和全民参与性，决定了甲醇能形成大消费和大参与。有了大参与就能产生大市场，有了大市场就能形成大产业，有了大产业就能承载大金融，就具有发行基金、发行债券、作为期货的重大国际金融价值。这是风能、太阳能、水能等其他新能源无法比拟的独特优势。

三、微观层面

1．制备领域阳光灿烂

每生产1吨液态阳光，需消耗氢气2200立方米和二氧化碳1.375吨。二氧化碳最佳的捕集成本及运费约为350元/吨。采用最优的光伏、风电及水电等可再生能源供电和先进的电解水制氢装置，以每千瓦时0.15元电价、每标方氢气（Nm^3 H_2）能耗4.3度计：

每标方氢气的生产成本为：4.3度×0.15元/度=0.645元

每吨液态阳光消耗氢气的成本为：2200立方米×0.645元/立方米=1419元

每吨液态阳光消耗二氧化碳的成本为：1.375吨×350元/吨=481.25元

上两项合计得每吨液态阳光原材料成本为：1419元+481.25元=1900.25元

再加上人工、生产、资金成本和设备折旧费等，综合估算每吨液态阳光的价格为2500～3000元。随着液态阳光技术和光伏等可再生能源发电技术的不断进步，到2030年，中国光伏等可再生能源发电成本预计可降低至0.1元/度，每吨液态阳光消耗氢气的成本将大幅降低。随着“双碳”战略的深入落实，二氧化碳耦合制甲醇等技术的推广应用，届时液态阳光的终端价格可望低于煤制甲醇，其制备成本优势明显，应用前景将更加广阔。

2．车用领域日新月异

陕西省甲醇汽车试点运行专家组组长刘生全表示，如果说汽油、柴油燃料汽车是1.0版本，天然气燃料汽车就是2.0版本，而甲醇燃料汽车则是3.0版本。经过多年技术升级，甲醇燃料在各方面均有优势。甲醇常温下为液态，储存、运输便利，将现有的成品油调配、储存运输和加注等基础设施稍加改造即可成为甲醇燃料加注的基础设施，基本不需要增加或更换价格较高的设施设备。新建加注站与新建成品油加油站投资基本相同，在用的成品油加注站改建成本更低，从汽油、柴油车过渡到甲醇汽车易于实现。对比纯电动汽车，甲醇汽车还有一个明显的优点就是补能效率高，续航能力不受天气影响。与氢燃料电池汽车相比，甲醇汽车原料的提取和生产没有太高要求，无论是成本还是推广难度都会更低。就车辆本身而言，无论是甲醇商用车还是甲醇乘用车，其用车成本都比燃油车大幅降低。根据吉利新能源商用车的数据，此前，甲醇重卡比柴油重卡节省18%的燃料费用，每千米约节省0.5元；如果按照2022年10月的油价计算，则可节省32%，每千米约节省1元。吉利第4代帝豪醇电混动轿车拥有40%的节能率，每千米出行成本低至0.3元。甲醇燃料电池汽车，不仅兼具了氢燃料汽车和燃油汽车的优势，而且免去了纯电动汽车充电时间长的弊端，将会是新能源汽车发展过程中至关重要的一环，甚至有可能成为后续新能源汽车的主力军。目前，吉利的甲醇轿车、甲醇混合动力轿车、甲醇重卡、甲醇危化品运输车等产品相继问世。

3．船舶领域如火如荼

全球船用燃料市场规模相当于6.5亿吨甲醇当量，按替代10%计算，甲醇需求量就达6500万吨。与其他低硫燃料相比，建造新船或者改造现有船只使用甲醇燃料的额外成本，远低于其他替代燃料所需要的改造成本。与传统船用燃料相比，甲醇对环境也更友好且危害性低。甲醇船舶燃料已成为船东的重要选择。全球甲醇行业协会(新加坡)北京代表处中国区首席代表赵凯也道出这一趋势，就船舶运行和改装成本看，氨的改装和建造成本与液化天然气相当，显著高于甲醇船，甲醇船商业化订单显著增长。甲醇作为船用燃料，适用于当下和未来，是实现碳中和的路径之一。目前的甲醇灵活燃料发动机技术与电制甲醇和生物甲醇可以兼容，为实现脱碳目标提供了一条清晰路径。甲醇作为船舶燃料已得到实际应用，中国香港梅赛尼斯旗下子公司拥有 29 艘远洋甲醇燃料运输船舶，其中 8 艘 5 万吨远洋船舶搭载甲醇/柴油双燃料。另外，目前全球已有 17 艘甲醇燃料动力船舶投入使用，其中双燃料船舶 14 艘，单一甲醇燃料船舶 3 艘。据统计，2022 年全球新生效以甲醇为主要燃料的船舶已达 40 艘。甲醇动力船的开发应用如火如荼，仅从 2021 年以来就有近 80 艘甲醇动力船订单，其中全球船运巨头马斯基已经订造了 19 艘，法国达飞轮船订造了 12 艘，广东中远海运订造了 12 艘。2022 年 10 月，甲醇动力船舶订单量超过了 LNG 船。梅赛尼斯亚太有限公司北京代表处总监汪勍表示，2021 年集装箱船开始出现甲醇燃料订单，国际甲醇生产企业已积极订购甲醇燃料液体化工船，未来 3～4 年将是甲醇船舶的井喷期。

在国内，甲醇应用于船舶也备受重视。青岛双瑞自主开发的船用甲醇燃料供应系统(GasLink)获得中国 CCS、英国 LR 和美国 ABS 等船级社认证，属国内首家。公司可根据客户需求，提供甲醇燃料供应核心撬块单独供货及船舶甲醇加注、存储、转换、供应系统总包设计和整体解决方案，相关技术及产品已达国际一流水平。2022 年 10 月，工信部等五部委联合发布《关于加快内河船舶绿色智能发展的实施意见》，首次明确提出甲醇是内河可替代船舶燃料之一。汪勍表示，LNG 加注成本大起大落，让行业苦不堪言。甲醇成本有竞争力，具备经济可行性，远期发展值得期待。

根据英国航运服务商克拉克森的最新统计数据，2023 年第一季度全球集装箱船新船订单共计 37 艘，其中多达 21 艘为甲醇动力船，甲醇燃料成集装箱船订单主流。截至 2023 年 11 月，全球甲醇动力船新造订单已达到 220 余艘，其中集装箱船 150 余艘，其余为散货船、油轮、海工船、汽车运输船等船型。在全球前十大集装箱运力巨头中，已经有排名第二的马士基、排名第三的达飞、排名第四的中远海运以及排名第八的 HMM 4 家订造了甲醇动力船。排名第一的地中海航运、排名第五的德国赫伯罗特、排名第六的中国长荣海运和排名第十的中国台湾万海航运新造船也中意甲醇动力。

4. 电池领域方兴未艾

燃料电池于 1839 年诞生，在应用方面，燃料电池输出功率从次瓦级到几十兆瓦，在陆、海、空等领域都有广阔的应用前景。传统电池结构相对简单，而燃料电池链条较长。就燃料而言，气态燃料有氢气、氨气、天然气，液态燃料有甲醇、乙醇、燃油等，也有固态燃料，比如轻质金属镁、铝、锌等。燃料电池产品开发包括关键材料、核心部件、系统集成等。智能管理方面，包括电池电控、能源管理、智能互联等。最后才能真正应用到电动车辆、船舶、机站等。我们之所以提出甲醇燃料电池，是因为在几种主流的电源中，如超级电容器、铅酸电池、镍氢电池、锂离子电池等，甲醇燃料电池的比能量非常高，可超过 1 千瓦时/千克。甲醇燃料电池现在还未普及，应该说是后起之秀，方兴未艾。

甲醇燃料电池工作原理与常规的一次、二次电池相同，能量转化效率高。工作方式与汽油、柴油发电机相似，只要不断提供燃料，就可持续稳定发电。大连化物所开展甲醇燃料电池研究开发近30年，从电催化剂、电解质膜、膜电极、单双极板到系统集成、智能控制等，现已完成了电解质膜、多孔电极、膜电极、电堆生产线建设。获授权专利230余件，省部级以上奖项9项，其中国家级奖项3项。在电堆和系统方面，开发了1000瓦、5000瓦、10千瓦、30千瓦的电堆模块和系统，性能目前在国际上处于领先水平。最值得自豪的是全链条(从催化剂、质子膜、电堆到系统)技术完全自主，全部部件均实现国产化。市场应用主要有电动车动力电源、船舶动力/辅助电源、小型分散电站等，基本可覆盖1～120千瓦的实际应用。俄罗斯卫星网2019年12月24日援引《南华早报》报道的标题为“中国甲醇电池革命：无人机续航时间猛增24倍，跨昼夜飞行12小时”，说的就是大连化物所研发的甲醇动力无人机，重约15千克，飞行时速为90千米，成功使无人机达到了12小时自主飞行时间，而大多数锂电动力的现代无人机飞行时间不过半小时而已。2016年，中科嘉鸿(佛山市)新能源科技有限公司组装了第一台高温甲醇燃料电池驱动的乘用车，运行结果表明，硫氧化物、氮氧化物近零排放，百千米燃料消耗费用小于20元人民币，3辆车在大连试运行，受到了专家同行的一致好评。此外，高温甲醇燃料电池在景区车、房车、工程指挥车、应急电源车等方面应用前景广阔。2021年11月8日，研制的高温甲醇燃料电池游船在丹灶仙湖下水，动力电源为25千瓦，辅助电源为5千瓦，以满足照明、空调、热水等需求。与传统燃油相比，甲醇燃料在船舶动力/辅助电源方面，优势明显。随着《联合国海洋法公约》的颁布实施，人们对海洋环境的要求越来越高。我们知道现在全球大型船舶1万多艘，年消费3.7亿吨燃料。我国的渔船众多，如果用甲醇燃料电池替代现在的重油等，每年一艘万吨船可以节省200～300万元。就是说甲醇燃料电池除了社会效益以外，还有良好的经济效益。当然，它的应用领域还有很多，细分市场更是众多。在小型分散电站方面，热-电联供的能量转换效率较高，应用前景广阔。

大连化物所孙公权研究员团队对甲醇燃料电池进行了关键材料、核心部件、系统集成、过程监控、产品应用等基础与工程全链条自主创新：研究成果获国家自然科学二等奖；新型耐高温(150～200 ℃)电解质膜的成功研制突破了燃料电池“卡脖子”技术瓶颈；有序化膜电极、高比功率电堆性能处于国际领先水平。国内首次实现直接甲醇燃料电池系列型号应用，直接甲醇燃料电池长航时无人机实现首飞，现已建成国内首家年产10000台直接甲醇燃料电池工厂。国内首套0.5千瓦/1千瓦/2千瓦/3千瓦高温甲醇燃料电池系列产品，已在专业领域实地应用。高温甲醇燃料电池电动车动力电源技术已被列为中国科学院战略性先导专项变革性洁净能源关键技术。

5. 工业领域蒸蒸日上

我国现有工业燃煤锅炉60多万台，每年燃煤7亿吨，如果1万台锅炉改用甲醇燃料，甲醇需求量就将超过1000万吨/年(表4-5)。甲醇催化制热系统装备，以其特有的无火焰技术，为用户提供输出温度为400～800 ℃的热量，可以更有效地预防火焰灾害。该技术和装备将是工业取暖、汽车维修烘烤房、农村幼儿园、养老院、卫生站、乡村办公区等最佳的取暖选择。2017年，开滦煤矿范各庄矿(中国煤炭工业第一矿)取暖锅炉完成了80蒸吨锅炉煤改醇工程，保障矿区 54 万平方米冬季取暖和矿井作业供热保温。2019 年，甲醇燃料应用玻璃微珠焙烧，通过燃烧工艺创新和甲醇燃料应用，提高热效率，增加产能 200%，降低单位燃料成本 20%。在陶瓷行业，由于甲醇燃料纯净、成分稳定，陶瓷烧结出的釉色更加鲜艳，许多传统难烧的釉彩使用甲醇燃料，烧成率大幅度提高，比如“郎红、祭红”，在原烧结成功率 6%～8%的基础上，可以提高 20%～30%。在此基础上，锡矿冶炼、铝锭热压铸等低熔点合金领域，甲醇燃料由于自身的低碳特点，正在窑炉烧结和焙烧行业被广泛应用。

表 4-5　小型锅炉燃料的热效率与经济性

燃　　料	甲　醇	天然气	天然气(高价)	柴　油	煤	工/商业用电
燃料单价/元	1.8/kg	2.2/m³	4.5/m³	5.5/kg	0.4/kg	0.9/kWh
单价/(元/0.1 Cal)	3.8	2.6	5.4	5.5	0.8	10
热效率	90%	90%	90%	90%	55%	96%
经济性/(元/0.1 Cal)	4.2	2.9	6.0	6.1	1.5	10.4

注：基于 2023 年的指示性定价。资料来源：国际甲醇网。

2021 年，我国烟草烟叶密集型烤房超过 220 万座，年消耗煤炭 1800 万吨。之所以推广甲醇替代煤炭烘烤烟叶，一是为了提高烟叶品质，二是为了替代煤炭消耗，三是为了有效治理烟叶烘烤地区环境。甲醇燃料在烟草烟叶产区的应用，获得了政府、行业、产业和烟农的广泛认可。在农业工程中，田间植保作业的无人机使用甲醇燃料发动机，实现了环境友好。为果蔬大棚植物提供温度、湿度和二氧化碳浓度的甲醇气肥机，为果蔬大棚种植业提供了科学支撑下的丰产丰收。甲醇烘焙技术被应用在果蔬和食品烘焙领域后，也在橡胶、虫草花、辣椒、花椒烘干领域被推广采用。生猪养殖场规定，所有运送物资的车辆进入养殖场必须进行洗消。消杀温度 70 ℃，保温 30 分钟以上，可以有效杀灭非洲猪瘟等病毒。过去选用燃煤锅炉加热增温，需要 2 小时，耗时耗材。现在改用甲醇燃烧器增温，不仅大大减少了增温耗时，还有效减少了能源消耗，更主要的是实现了环境友好。

6. 民用领域勇毅前行

在替代散煤方面，对于三北（东北、华北、西北）地区的冬季取暖，甲醇燃料正在被逐步推广。在“甲醇＋”方面，醇-电互补、醇-光伏发电互补、醇-太阳能热水互补、醇-生物质燃烧互补等适应的燃烧器，已经成为三北地区遵照因地制宜的原则，正在被广泛关注和列入首选的技术路线和方案。在餐饮炊事方面，使用以甲醇为主体配制成的醇基液体燃料，与传统燃料、液化气的费用比较，节省 30%～40%；与天然气开户费比较，节省更多。与专用汽化灶具配套使用，火力威猛、热效率高，比普通灶具节能 30%以上；与石油液化气相比，能节约 60%的燃料成本，比天然气和电磁炉节约 25%。在安全环保方面，甲醇燃料不见明火不燃烧，且灭火方法简单，用水、泡沫、干粉等均可。可采用液体自流式燃烧，无压力引爆危险。以甲醇为主体配制成的醇基液体燃料内含氧 50%，燃烧充分，清洁排放，无烟尘，无异味，可以保护从业人员健康，被业内誉为“健康环保新能源”。山西省介休市西杨屯村村民王忠平说，村里 2019 年开始实行“煤改醇”，设备都是免费安装，每年的花费跟烧煤差不多，最重要的是干净。

在党中央精准扶贫、美丽乡村建设的大背景下，在乡村振兴和迈向小康的进程中，我国广大农村既不用等待电力增容后充电桩的到来，也不会奢望加氢站的普及建设，更不用继续忍受动力电池冬季能量衰减的焦虑。当人们从冬季取暖、工业锅（窑）炉、农业工程、种植保护、畜牧养殖和日常生活中全面接触甲醇燃料，以及对甲醇燃料认知并熟悉后，液态阳光甲醇燃料应用将会被列入小康生活的首选。餐饮用液态阳光甲醇燃料与其他传统燃料的优劣对比见表 4-6。

表 4-6　餐饮用液态阳光甲醇燃料与其他传统燃料的优劣对比

对比因素	液态阳光甲醇燃料	液化气（LNG）	天然气（LPG）	柴　油	煤　炭
化学分子式	CH_3OH	CH_4	C_nH_{2n+2}	$C_3H_8+C_3H_6+C_4H_{10}$等	—
碳含量	C1	C1	C≥1	C14～22	≥50%
燃料消耗	5 千克/小时	4 千克/小时	4.2 立方米/小时	4.5 千克/小时	5.3 千克/小时
燃料单价	3.2 元/千克	6 元/千克	4 元/立方米	5 元/千克	1.2 元/千克
每小时用费	16 元	24 元	16.8 元	22.5 元	6.36 元
每分钟用费	0.2667 元	0.4 元	0.28 元	0.375 元	0.106 元
每秒钟用费	0.0044 元	0.0067 元	0.0047 元	0.0063 元	0.0018 元
5 千克水烧开时间	2 分 48 秒	2 分 55 秒	2 分 45 秒	2 分 20 秒	3 分
烧开 5 千克水用费	0.7446 元	1.1685 元	0.7715 元	0.876 元	0.318 元
火焰温度	1100～1200 ℃	1000～1100 ℃	1100～1300 ℃	1100～1300 ℃	900～1300 ℃
容器压力	普通容器常温常压	专业钢瓶压力	专用管道网覆盖	普通容器常温常压	常温常压存放
残留程度	无残留	有残留	稍有残留	有黑烟	黑烟残留物多
初装成本	初装成本很低	需购买固定设备	开户费：1～10 万元	需购买固定设备	需购买固定设备
安全状况	1. 泄漏为液体，易发现；2. 着火用水易扑灭，不易引发爆炸	1. 泄漏为气体，不易发现；2. 着火不易扑灭，易引发爆炸	1. 泄漏为气体，不易发现；2. 着火不易扑灭，易发生爆炸	1. 泄漏为液体，易发现；2. 着火不易扑灭，易引发火灾	1. 固体燃烧，比较安全；2. 无爆炸

第四节 液态阳光推广应用中面临的困难和问题

近十几年来，我国在风、光、热等可再生能源开发利用方面，进行了大量的技术研发和资金投入。在内蒙古、新疆、甘肃和青海等西部地区，投资几百亿元建设了大量的风电场、光伏发电场和光热发电场，开辟出一条“追风逐日”的新路，给液态阳光的技术研发和推广应用奠定了良好基础。但液态阳光在技术研发和推广应用过程中仍然存在诸多困难和问题，主要表现为：主管官员认识不够，市场监管宽严失当，科技创新动力不足，社会公众认知偏见，关键技术有待提升。

一、主管领导认识亟待提高

部分政府主管官员尤其是计划管理和业务部门某些工作人员，对液态阳光普及发展的认识不够到位。他们对众多科学家、企业家的建议和领导批示重视不够。为什么会这样呢？一是受到了甲醇燃料竞争者诋毁言论的影响，对甲醇燃料的“毒性”“腐蚀性”“动力性”等有误解或疑虑。二是站到了甲醇燃料竞争者的立场上，听信他们对甲醇燃料的诸多诋毁。例如，某地一个“乙醇汽油推广办公室”，为了封杀甲醇燃料，请了一些乙醇汽油生产经销商为主角召开所谓的“专家座谈会”，给甲醇燃料扣上了“剧毒、腐蚀性大、动力性能差、排气污染环境、经济效益低”等众多“罪名”。再如，某省有关部门为了强制推行乙醇汽油而发布违规通知：“凡在各级质量技术监督局已备案的车用甲醇汽油等相关企业标准，予以废止，并通知企业停止实施。”这样，已经实施3年多的企业标准《车用清洁甲醇汽油》等，就被地方政策非法取消了。又如，有关部门利用修改《车用无铅汽油》国家标准，严禁车用甲醇燃料的使用；某省为强制推行乙醇汽油，在“政府令”中明确提出：“严禁生产、销售、使用添加甲醇的汽油等车用燃料……违反本办法规定，销售车用乙醇汽油以外的其他车用汽油的，由工商行政管理部门责令改正，处以5000元以上2万元以下的罚款。”部分官员认识不够，导致政府高层缺乏对发展甲醇能源重要性的共识，在我国《能源发展战略行动计划(2014—2020)》《能源生产和消费革命战略(2016—2030)》《“十四五”现代能源体系规划》等国家级发展规划中，未将甲醇燃料纳入我国现代能源体系，对甲醇燃料没有明确支持。正是由于缺乏这些国家层面的战略，即使是在多年多地试点后，甲醇燃料产业发展仍然举步维艰。

二、市场监管宽严失当

一是甲醇长期以来被纳入化工原料管理，作为“危险化学品”，其难以进入能源领域。一些地区把甲醇或以甲醇为主体制成的醇基液体燃料作为城管和消防执法的重点打击对象。如某市在出台的《关于禁止非法生产、经营、储存、运输和使用醇基燃料的通告》中明确规定：“严禁在民用建筑内餐饮场所储存和使用甲、乙类火灾危险性的醇基燃料。”对甲醇燃料的扶持也不如其他新能源。以甲醇汽车为例，有关扶持政策远远不及混合动力及电动车。二是甲醇燃料行业缺乏完整的生产和监管标准，监管的体制机制缺位。如甲醇分子量小，具有一定的腐蚀性或侵蚀性，将纯甲醇作为车用燃料时，除了用于特种甲醇汽车，对普通汽车有什么要求？用甲醇与汽油混合的燃料，对添加剂有什么要求，需要执行哪些相应的技术标准？还有一些地区如福建莆田市，对旧车进行甲醇燃料设备的改装，深受用户欢迎，但没有建立行业或国家的技术标准。国家没有甲醇燃料的生产、储存、运输、应用的相应标准，也没有明确对市场上甲醇燃料进行监管的主管机构，使得用户难以放心使用甲醇燃料，导致甲醇燃料难以在全国市场推广应用。

三、科技创新动力不足

在液态阳光生产技术层面上，需要通过科技创新来不断提高成熟度和进行大规模商业化应用。在液态阳光推广应用过程中，还需要通过科技创新来进一步积累数据，以实现改进和提升。液态阳光科技创新动力不足主要表现为：一是研发团队协同不够，从而导致科技创新能力不强。液态阳光科技创新是一个典型的系统工程，涉及众多的学科和领域，需要系统的技术集成和全面的资源整合。但目前全面掌握液态阳光核心技术的只有大连化物所一家，其他如中国科学院广州能源研究所、长春应化所、上海高等研究院和武汉大学、中船集团718 所等单位也在研发，但未能形成合力。二是推广应用布局不够，从而导致科技创新基础不牢。如国家八部委出台的《关于在部分地区开展甲醇汽车应用的指导意见》强调："重点在山西、陕西、贵州、甘肃等资源禀赋条件较好且具有甲醇汽车运行经验的地区，加快 M100 甲醇汽车的应用。"该文件在地区层面只提出了 4 个省份，在应用领域只提出了 M100 甲醇汽车，可以说是"挂一漏百"。

四、社会公众认知偏见

甲醇的毒性长期以来被诟病。更加荒唐的是一些所谓权威人士的科普材料中还错误地描述："甲醇是一种剧毒化工产品，是典型的神经毒物，人体中毒量仅为 5～15 mg，致命剂量为 30 mg。"在此，他们把"中等毒性"的甲醇的致死剂量 75 mL，缩小 2000 多倍变成了"30 mg"，从而把"中等毒性"变成了"剧毒"。甲醇本来是一种自然界天然存在的物质，通过吃水果、蔬菜和饮料，人体平均每天每千克体重吸收 0.3～1.1 mg 甲醇，一个 70 kg 体重的人每天自然地吸收 21～77 mg 甲醇。如果按照上述所谓权威人士的标准，77 mg 已经是30 mg致死剂量的 2 倍多，早该致死了！液态阳光是新生事物，"养在深闺人未识"。甲醇毒性实际上比汽油低。人主要以呼吸蒸气、误饮和皮肤接触吸收等 3 种途径接触甲醇。其中，经误饮摄入最为危险。但经口腔摄入的致死量，甲醇（30～100 mL）实际比汽油（13 mL）更高；换言之，甲醇比汽油更安全。在美国，甲醇生产的安全防护和汽油是同一等级。此外，甲醇不具有累积健康危害，而汽油为致癌物，可引起基因突变以及胎儿畸形。还有人认为，甲醇不易降解，发生泄漏后后果严重，实际情况是甲醇可用作微生物的培养基。甲醇有毒在中国流传甚广有一些偶然原因，其中不法分子用甲醇"造酒"的山西假酒案是典型案例，其阴影久久挥之不去。由于假酒事件和甲醇、乙醇燃料的市场竞争，以及国内外石油商和汽车制造商的既得利益，在某些地方给甲醇扣上了“剧毒”“高腐蚀性”等众多不实罪名，使得甲醇燃料蒙受了许多“不白之冤”。在它即将成为后石油时代人类必须依赖的替代能源时，为它进行“平反昭雪”和客观评价，势在必行。

五、关键技术有待提升

1. 甲醇燃料汽车领域有待提升的技术难点

(1) 克服甲醇对部分金属的腐蚀性。甲醇含氧量高，具有较强的化学活性。甲醇氧化时会产生微量的有机酸，对部分有色金属材料如铝、铜、铅、锌等产生酸性腐蚀和电化学腐蚀。因此要在甲醇燃料中加入腐蚀抑制剂、缓蚀剂、抗氧稳定剂等添加剂，以减弱其对金属的腐蚀作用。甲醇燃烧后排放的水蒸气增多(甲醇分子结构决定其含氢量相对较高，在燃烧过程中，氢元素与氧气结合生成水，这使得燃烧产物中水蒸气量增多)，此外还有甲酸等酸性物质，两者共同作用会对排气管道尤其是焊接处造成腐蚀，因此排气管道应尽量采用模压一体成型技术减少焊接。

(2) 消除甲醇对橡胶和塑料的溶胀性。甲醇是一种极性有机溶剂，会使塑料件发生溶胀、变黏，使橡胶件发生溶胀、变硬、变脆等提前老化现象。甲醇的溶胀作用易使燃料供给系统中的橡胶塑料件提前老化，引起密封不严、泄漏等现象。因此要在甲醇燃料中添加抗溶胀剂，相关的涉醇部件也要使用改性橡胶和改性塑料等有耐醇性的专用零部件，如密封垫圈使用紫铜垫圈；油泵采用有较强甲醇耐腐蚀性的磷脱氧铜作为油泵转子；油箱和油管要使用四丙氟橡胶和氯丁橡胶等耐醇橡胶；油泵滤网和支架要使用抗醇塑料等。

(3) 破解发动机低温启动难问题。甲醇的汽化吸热为 1109 kJ/kg，是汽油(310 kJ/kg)的 3.7 倍，在汽化时需要吸收更多的热量。甲醇在进入发动机汽缸汽化后会引起缸内温度下降，进一步降低甲醇的挥发性能，使混合气的浓度很难达到最低着火极限，尤其是在冬季低温时会造成启动困难。因此需要通过一些技术措施解决甲醇汽车低温冷启动困难的问题。

2. 甲醇燃料电池领域有待提升的技术难点

(1) 研制高效低成本的催化剂。目前燃料电池的阳极要用铂作为反应催化剂，但铂产量小且价格昂贵，而且在低温条件下性能不高，不利于大规模推广，因此需要研制更加高效低成本的阳极催化剂。

(2) 研制能够大幅度降低甲醇渗透率的质子交换膜。甲醇对直接甲醇燃料电池中的传统质子交换膜有较高的渗透率，可通过质子交换膜向阴极渗透。这样不但会降低甲醇的利用率，还会造成氧电极极化程度增加，降低燃料电池的性能。为防止甲醇从阳极向阴极转移，研发能够大幅度降低甲醇渗透率的质子交换膜十分关键，同时还要研发对甲醇呈惰性的阴极氧还原催化剂，以减少渗透到阴极的甲醇造成氧电极极化。

3. 液态阳光制备领域有待提升的技术难点

(1) 创新高效电解水制氢技术。由于电费占整个水电解制氢生产费用的80%左右，因此水电解制氢成本的关键在于耗能问题。目前有两条降成本途径：一是降低电解过程中的能耗，可通过开发PEM（质子交换膜电解）及SOEC（固体氧化物电解）技术来实现；二是采用低成本电力来制氢。当前我国新能源装机量逐年增长，已远超电网承载能力，新能源消纳矛盾突出。弃风、弃光、弃水电量呈逐年增加趋势，这在一定程度上为可再生能源电解水制氢提供了有利条件。

(2) 研制高稳定性、高选择性二氧化碳加氢制甲醇催化剂。

(3) 研发高效率大气二氧化碳捕集技术。

上述三个领域共计八大关键技术难点中，尽管有些已经有了较好的解决方案，但未获得广泛的实际应用。革命尚未成功，同志仍须努力！

第五节 创新发展液态阳光经济的对策与建议

全球能源正加速向低碳化、无碳化方向演变，低碳清洁的液态阳光将成为人类新世纪乃至新千年的主要替代能源。中国是液态阳光开发潜力和选择空间最大的国家，液态阳光科技处于世界领先水平，中国的取向将影响世界的走向。我们应充分发挥社会主义制度的优越性，在党中央、国务院的领导下，采取积极的对策和措施。在宏观层面，要把液态阳光纳入“四个革命、一个合作”国家能源战略。在中观层面，要强化主管部门职责，统筹推广应用布局，设立重大应用示范，拓宽国际能源市场。在微观层面，要推进液态阳光创新，塑造良好营商环境。

一、宏观层面

1. 把液态阳光纳入能源消费革命

能源消费革命是关键。将能源消费革命放在首位，意在控制能源消费总量，抑制不合理能源消费。摆脱仅靠粗放供给满足过快增长需求的思维，转变为依靠科学供给满足合理需求，实施包括液态阳光在内的能源消费强度和消费总量“双控”。

2. 把液态阳光纳入能源供给革命

能源供给革命是基础。在保障安全的前提下，优化能源供给结构，形成包括液态阳光在内的多元化能源供给体系。大力发展清洁能源和可再生能源，优化开发化石能源，大力推动煤炭清洁高效利用，稳步有序推动液态阳光对化石能源的替代。

3. 把液态阳光纳入能源技术革命

能源技术革命是动力。技术革命的重点在于发展绿色低碳技术，推动技术、产业、商业模式的创新，推动能源技术和信息技术等高新技术融合。结合供给侧结构性改革，把液态阳光技术及其关联产业培育成带动我国产业升级的新的增长点。

4. 把液态阳光纳入能源体制革命

能源体制革命是保障。体制革命对能源消费、能源供给和能源技术革命既有激励也有约束。要厘清政府和市场的边界，理顺定价机制，打破垄断，完善市场，规范竞争，加强监管，强化液态阳光的商品属性，把能交给市场的交给市场，从而激发市场活力。

5. 把液态阳光纳入能源国际合作

能源国际合作是趋势。我国作为全球第一大能源消费国和全球液态阳光市场规模最大的国家，加强国际合作，拓展国际合作渠道和方式，让液态阳光全方位高深度地参与全球能源合作，既是我国经济社会发展的需要，也是国际能源市场发展的需要。

二、中观层面

1. 强化主管部门职责

(1) 确立主管负责部门。明确液态阳光推广应用全产业链的管理和负责部门，将液态阳光正式纳入我国现代能源体系，出台具有普遍指导意义的政策性推广应用文件。

(2) 完善相关法规与标准规范。为实现液态阳光经济相关行业健康有序发展，引领相关行业实现跨越式发展，需要进一步完善甲醇燃料行业法规，重新界定甲醇的产品分类，制定一系列的行业标准，包括甲醇锅炉国家标准、车用甲醇国家标准、船用甲醇国家标准、餐厨用甲醇国家标准等。建立相关技术和产品认证体系，加大标准实施推广力度；确保各项政策措施和标准的连贯统一，提高政策综合效力。

(3) 把握国际能源变革方向。紧紧把握世界能源技术变革方向，大力支持液态阳光全产业链原始创新、集成创新和引进消化吸收再创新。

(4) 发挥行业社会组织作用。积极鼓励甲醇燃料行业社会组织建立液态阳光推广应用的行业标准体系，制定系统完善的行业规范和规章制度，加强行业监管和规划，切实保障液态阳光产业高质量健康发展。

2. 统筹推广应用布局

(1) 聚焦增量、整合存量，建设液态阳光生产基地。在天然气资源丰富的国家和地区，建设千万吨级以上的液态阳光生产基地。大力支持在钢铁、冶金、建材和煤化工等领域，加快推进实现零碳排放的煤化工制甲醇项目落地、示范直至全面推广。

(2) 中游布局、做大贸易，建设液态阳光储运基地。在华东、华南、京津冀地区，建设百万吨级液态阳光储运基地，以支撑该区域液态阳光下游产业的发展。利用液态阳光储运基地，建设液态阳光贸易平台，结合液态阳光作为大宗商品所具有的金融属性，开展液态阳光期货贸易。

(3) 大力践行能源多元化战略。全面放开液态阳光推广应用的地区和领域限制，以市场需求为导向，统筹布局液态阳光生产、储存、配送、应用全产业链，鼓励液态阳光在汽车、重卡、飞机、船舶等交通领域和锅窑炉、采暖炉、灶具等工业与民用领域作为替代燃料广泛应用。

(4) 统筹规划液态阳光加注体系建设。鼓励现有加油(气)站增加液态阳光加注功能，支持发展移动加注车、撬装站、固定站等多种液态阳光加注形式，满足加注需求。

(5) 建立液态阳光示范应用区。选择一部分沿海城市和西部城市，建设国家级液态阳光经济示范区。以资源禀赋和因地制宜为原则，鼓励有条件的地区，建立液态阳光产业应用示范区，以点带面，推动液态阳光产业蓬勃发展。

3. 设立重大应用示范

(1) 设立国家级液态阳光经济示范区。有效整合科学研究资源、科技服务资源、社会资本资源，实现产业链、创新链、资本链联动。注重技术创新、产业示范、科技服务、转化孵化的全产业技术创新链与产业链的协同发展，通过体制机制探索和市场化运营，形成示范区内各平台间的紧密联动，建立国际一流的液态阳光经济创新创业环境，并与示范区外的特色优势研发资源合作，形成网络化的创新与服务平台。

(2) 设立国家和省市级液态阳光产业园。通过体制机制创新和政策先行先试，充分发挥当地综合资源优势，建设液态阳光大型仓储物流基地和大型贸易平台，编制液态阳光交易指数，加快液态阳光产业集聚，着力打造国家和省市级液态阳光产业园。

(3) 设立液态阳光国家重大应用示范工程。大力推进液态阳光关键技术研发和创新成果转化，形成甲醇重载内燃机、甲醇燃气机、甲醇燃料电池、甲醇燃料锅炉等重大应用的工程示范。

4. 拓宽国际能源市场

(1) 组建液态阳光产业发展基金。整合社会资本资源，与国际知名投资机构及产业资本合作，共同发起成立液态阳光产业发展基金。通过创新的技术成果与产业资本的对接，推动液态阳光经济建设涉及重大技术开发、产业化项目建设、基地建设等的实施。

(2) 整合海外液态阳光产业链。构建资本链，聚焦增量、整合存量，在全球液态阳光产能中占据更高比例，抢占全球液态阳光生产的制高点。争取中国企业在液态阳光产业链中的话语权，确保我国对液态阳光产业的全球战略主导地位。

(3) 做好全球资本战略布局。调整我国的能源结构，重构全球能源格局。通过国际并购，实现对全球液态阳光产能的集中控制。要将视野拓展到北美、中东等天然气资源丰富的地区，在全球范围内建设低排放技术的天然气制甲醇生产工厂。加强与北欧国家合作，共同研究大气二氧化碳捕捉技术以及碳氢合成甲醇技术，争取尽快推广应用。巩固中美利益共同体关系，平衡中美贸易逆差。增加全球液态阳光贸易中使用人民币进行支付的力度，推进资本项下的人民币跨境流动，并带动其他行业更多使用人民币作为交易货币。

三、微观层面

1. 推进液态阳光创新

(1) 推进关键核心技术创新。增列国家重大科技专项，建立液态阳光国家实验室或在国家实验室中给予安排。以系统考虑国家能源结构和相关市场需求为基础，深入凝练研发方向。从多学科优势互补的角度形成合力，主导突破关键核心技术。促进技术创新和生产要素的有效组合，使实验室技术成为真正生产力。完成在全球范围内的产业化高技术布局，通过资本纽带推动并实现技术产业化。

(2) 推进全产业链科技创新。不断完善能源科技创新制度，健全政产学研用协同创新机制，搭建液态阳光能源科技创新平台。大力推进超低排放合成技术、五代碳中性甲醇合成技术等关键材料的高效制备，实现零碳乃至负碳的低成本甲醇合成。支持引导包括甲醇燃料电池、甲醇高效锅炉、甲醇重型内燃机等重大应用装备在内的液态阳光全产业链系列技术和装备的研发应用和创新，以确保我国液态阳光应用技术和产业实体的国际领先地位。

(3) 推进标准规范创新。建设示范区域的立体环境监测和监控体系，制定液态阳光应用的使用和环境等标准规范，形成从液态阳光合成到液态阳光广泛应用的全链条相关高技术的创新链和相应标准规范。

(4) 加大人才培养和政策支持力度。加大液态阳光全产业链科技人才培养和政策支持力度，激发各类主体在液态阳光科技创新中的活力，实现不同创新主体的贯通协作，全面提升液态阳光能源自主创新能力。

2. 塑造良好营商环境

(1) 加强宣传教育引导。开展形式多样的液态阳光经济宣传，加强新闻宣传、政策解读和教育普及，科学阐述液态阳光经济，把“清洁低碳、安全高效”的理念加以推广、弘扬，增强社会公众对甲醇燃料安全性、环保性等方面的认识。注重引导舆论，回应社会关切，传递有利于加快液态阳光经济发展的好声音和正能量，积极营造浓厚持久的良好社会氛围。

(2) 调整资源性产品价格形成机制。清理和取消对传统能源和资源性产品的各种显性或隐性补贴，制定合理税费，营造液态阳光价格空间。落实碳排放交易权政策，通过碳汇机制鼓励液态阳光的生产和应用。通过碳税逐步限制煤化工甲醇生产，以达到减排二氧化碳的目的。灵活降低弃电价格，鼓励利用好弃电资源，积极鼓励利用弃电(弃光、弃水、弃风，我国每年弃电量巨大)电解水制氢加二氧化碳制液态阳光。对进口甲醇征收一定额度的碳税，因为国外廉价甲醇主要通过煤和天然气等化石资源制取。

(3) 培育液态阳光经济增长源。充分发掘运用关键技术解决方案，建设完整的液态阳光化工产品产业链。推广与居民住行消费和家庭生活环境改善紧密结合的应用产品，打造液态阳光汽车、船舶、锅炉产业链和液态阳光专用厨房体系等，增强群众的使用意识和自觉性。推进液态阳光轮船研制和运用，打造绿色海湾。开展液态阳光储能运用，开辟我国电能过剩解决新途径。

(4) 建立公平利益分配机制。探索合理机制，团结各利益攸关方。对于各利益攸关方，要设计好参与和利益分配机制，减小液态阳光在推广应用中的阻力。

(5) 发挥社会组织作用。统筹规范指导，发挥行业积极性，调动社会资源，组建行业协会，加大力度推进我国液态阳光应用。以此夯实我国液态阳光经济产业基础，保持液态阳光应用技术国际领先的地位，为世界各国提供碳中和清洁能源应用的"中国方案"。

当今世界，百年未有之大变局加速演进，气候变化、局势动荡给全人类生存和发展带来严峻挑战，全球能源产业链供应链遭受严重冲击。从国际看，全球能源供需版图深刻变革，能源治理格局更趋复杂，从而产生长期而深远的影响，我国能源安全风险加大。从国内看，现代化强国建设对优质能源和安全供应提出更高要求，风、光等可再生能源达到历史性拐点，清洁能源将逐步成为增量主体，有望实现对化石能源的加速替代。

能源是人类赖以生存和发展的重要物质基础，人类文明的每一次重大进步都伴随着能源的改进和更替，能源的合理开发利用和可持续发展对世界经济和人类社会发展具有重大意义。要把现代能源经济这篇文章做好，紧跟世界能源技术革命新趋势，延长产业链条，提高能源资源综合利用效率。

党的二十大报告提出，"积极稳妥推进碳达峰碳中和"，"深入推进能源革命"，"加快规划建设新型能源体系"。

能源是现代社会的血液，是地缘政治的焦点；是国家生产和发展的基本条件，是我国现代化建设的"先行官"；是经济社会发展的重要物质基础，是推动人类社会进步的重要力量。能源发展的根本目的是要满足人民对美好生活的需要，满足人们对碧水蓝天和能源高质量服务的需求。

液态阳光甲醇燃料，是发展前景广阔的清洁绿色替代能源。

甲醇燃料行业从业者、政府相关部门管理者、关心关注我国能源革命进程的院校师生和社会公众，为做大做强甲醇燃料产业，创新发展液态阳光经济，我们发表如下倡议：

坚决做到甲醇燃料来源绿色化。制备甲醇燃料的企业，选择制备甲醇燃料的来源必须是下列 3 类甲醇之一：以极低或零碳排放技术用煤、油或气制甲醇；生物质制甲醇；二氧化碳加绿氢制甲醇。

坚决做到甲醇燃料制备合法化。制备甲醇燃料的企业，必须取得政府相关部门颁发的危险化学品生产经营许可证。

坚决做到甲醇燃料产品标准化。生产企业生产出的甲醇燃料和终端产品，必须符合国家、地方、行业、团体和企业相关标准与规范。

坚决做到甲醇燃料配送安全化。甲醇燃料经营和使用单位，要建立相关设施管线安装、改造和甲醇燃料储存、运输、配送等环节的规范操作流程与管理制度，明确安全管理和使用责任，消除安全风险和隐患。

坚决做到甲醇燃料应用规范化。使用甲醇燃料的单位和个人，必须严格遵守国家、地方、行业、团体和企业相关安全技术操作规程与规范。

坚决做到甲醇燃料知识普及化。相关社会组织和单位，要充分开展甲醇燃料政策和知识科普宣传，引导社会舆论导向，增加公众的认知度和接受度，为推广应用和创新发展液态阳光创造良好的舆论氛围。

坚决做到甲醇燃料产业现代化。甲醇燃料行业和单位，要以科技创新为引领，充分应用大数据、云计算、区块链、物联网、北斗卫星导航和5G移动通信等技术，建立全产业链可追溯的现代化安全智能管理体系。

坚决做到甲醇燃料监管科学化。政府有关部门在对甲醇燃料履行监管职责时，要科学理性执法。既要踩刹车，也要踩油门；既要设路障，更要设路标；杜绝采取“一刀切”“运动式”的粗暴任性执法行为。

做大做强甲醇燃料产业，创新发展液态阳光经济，将为我国建成清洁低碳、安全高效、多元发展的现代新型能源体系，实现“双碳”目标和第二个百年奋斗目标提供源源不竭的清洁动力，以满足人民群众对美好生活的需要，满足人们对碧水蓝天和能源高质量服务的需求。

我们相信，在跨越油气时代，液态阳光产业新质生产力必将为推动我国经济社会高效率高质量可持续发展作出更多更大的贡献！跨越油气时代的液态阳光——后石油时代的绿色能源，将在世界的东方、祖国的神州大地上冉冉升起，照耀和造福全人类！

附录一

首字母缩拼词与化学式、单位符号

1. 首字母缩拼词与化学式

首字母缩拼词与化学式的全称见表 F1-1。

表 F1-1　首字母缩拼词与化学式的全称

缩拼词与化学式	全　　称
BASF	巴斯夫公司
BTM	生物质制甲醇
CCUS	碳捕集、利用与封存
CH_4	甲烷
CH_3OH	甲醇
CNG	压缩天然气
CO_2	二氧化碳
CO	一氧化碳
CPCAS	中国石油流通协会团体标准

续表

缩拼词与化学式	全　　称
DMFC	直接甲醇燃料电池
DNL19T3	碳资源小分子与氢能利用创新特区研究组
EVA	乙烯-醋酸乙烯酯
GasLink	甲醇燃料供应系统
HC	碳氢化合物
H_2	氢气
H_2O	水
ICI	英国化学工业公司
IMO	国际海事组织
IP	防护等级
ISO	国际标准化组织
IUPAC	国际纯粹与应用化学联合会
LD50	半致死数值
LNG	液化天然气
LPG	液化石油气
MFC	甲醇燃料电池
MON	马达法辛烷值
MTO	甲醇制烯烃
NO_x	氮氧化物
PM2.5	细颗粒物
RON	研究法辛烷值
SCP	单细胞蛋白质
UPS	不间断电源

2. 单位符号

单位符号的缩写式及全称见表 F1-2。

表 F1-2　单位符号的缩写式及全称

缩写式	全称	缩写式	全称
atm*	标准大气压	bar*	巴
℃	摄氏度	cal*	卡
cm	厘米	ft*	英尺
g	克	gal*	加仑
h	[小]时	K	开尔文
kW·h	千瓦·时	J	焦耳
m	米	m^2	平方米
mL	毫升	mol	摩尔
$mW\cdot h/cm^2$	毫瓦时每平方厘米	Nm^3H_2	每标方氢气
Pa	帕斯卡	ppm*	百万分之一
s	秒	t	吨
W	瓦〔特〕		

* 本书中为便于表述，使用了部分非法定计量单位，并注明了换算方法。

(1) 前缀

单位符号的前缀见表 F1-3。

表 F1-3　单位符号的前缀

前缀	英文	中文	量纲
μ	micro	微	10^{-6}
m	milli	毫	10^{-3}
k	kilo	千	10^{3}
M	mega	兆	10^{6}
G	giga	吉〔咖〕	10^{9}
T	tera	太〔拉〕	10^{12}
P	peta	拍〔它〕	10^{15}
E	exa	艾〔可萨〕	10^{18}

(2) 单位换算

① 体积

1 t 原油 = 8.98 桶油

1 gal(美制) = 3.785 L

1 桶油 = 42 gal(美制) = 159 L

1 m^3 = 1000 L

1 m^3 = 35.3 ft^3

② 能量

1 kcal = 4.1868 kJ

1 kJ = 0.239 kcal

1 kW·h = 860 kcal = 3600 kJ

③ 压强

1 atm = 0.1 MPa = 1.013×10^5 Pa

1 bar = 0.1 MPa = 100 kPa = 1.0197 kg/cm^2

附录二

几种燃料的主要理化性质

几种燃料的主要理化性质见表 F2-1。

表 F2-1　几种燃料的主要理化性质

序号	性质/信息	H_2 氢气 1	CH_4 83%～99%； C_2H_6 1%～13% 压缩天然气(CNG) 2	C_3 液化气体 丙烷 3	CH_3OH 甲醇 4	C_2H_5OH 乙醇 5	C_4～C_{12} 汽油 6	C_8～C_{25} 柴油 7	B100 C_{12}～C_{22} 生物柴油 8
1	美国交通部安全标准(DOT)编号	UN1049 UN1966	UN1971	UN1075 UN1978	UN1230	UN1170	UN1203	UN1202 NA1993	—
2	DOT 的危险等级分类	2.1 可燃气体			3.6.1 易燃液体	3 易燃液体			
3	DOT 指南编号	22	17	22	28	26	27	128	—
4	化学物质登录号	1333-74-0	74-82-8	74-98-6	65-56-1	64-17-5	8006-61-9	68476-34-6	67784-80-9
5	STCC 编号	4905746	4905755	4905781	4909230	—	4908178	—	—
6	ICC、OSHA、NFPA 代号	—	—	—	IB			2	
7	液体易燃性等级	—	—	—	易燃液体			易燃液体	
8	DOT 包装组	—	—	—	PG-Ⅱ			PG-Ⅲ	
9	DOT 包装(非散装/散装)	302/302		304/314	202/242			203/242	
10	装运容器的类型	加压气瓶 油罐车	加压气瓶	加压气瓶 槽车 油罐车	非散装： 1～119 gal DOT PG-Ⅱ 性能导向的容器 散装：油罐车、槽车		散装：管道、油罐车、槽车		
11	装运集装箱危险	破裂产生沸腾液体膨胀蒸气爆炸：集装箱在火灾中可能碎裂(过热液化气引发)成碎片并向四周飞射							

续表

序号	性质/信息	H_2 氢气	CH_4 83%～99%； C_2H_6 1%～13% 压缩天然气(CNG)	C_3 液化气体 丙烷	CH_3OH 甲醇	C_2H_5OH 乙醇	C_4～C_{12} 汽油	C_8～C_{25} 柴油	B100 C_{12}～C_{22} 生物柴油
		1	2	3	4	5	6	7	8
12	特殊火灾危险	白天看不见的蓝色火焰；火焰从火源闪回泄漏点；如果在密闭或密闭区域点燃，积聚的蒸气可能会爆炸	白天可见的黄色发光火焰；火焰从火源闪回泄漏点；如果在密闭区域点燃，积聚的蒸气可能爆炸，或在非密闭区域燃烧为非浮力辐射火球		白天看不见的蓝色火焰；火焰从火源闪回泄漏点；如果在密闭区域点燃，积聚的蒸气可能爆炸，或者在通风不良的区域成为接近中性浮力的辐射火球		白天可见的黄色发光火焰；火焰从火源闪回泄漏点；如果在密闭区域点燃，积聚的蒸气可能爆炸，或在非密闭区域燃烧为非浮力辐射火球	白天可见的黄色发光火焰；浓密的黑烟	
13	其他信息	氢气释放非常浮力，看不见	天然气释放浮力，看不见，具有特有的气味	液体漂浮在水中并沸腾；比空气更重的可见蒸气云	液体漂浮并与水混合，接近中性的蒸气浮力		液体浮在水面上；蒸气压高，预计会形成负浮力蒸气云	液体浮在水面上；蒸气压低，预计不会形成蒸气云	
14	分子量	2.02	16.04	44.1	32.04	46.07	100～105	～200	～292
15	化学成分 碳(质量分数)/%	0	75	82	37.5	52.2	85～88	87	77
	化学成分 氢(质量分数)/%	100	25	18	12.6	13.1	12～15	13	12
	化学成分 氧(质量分数)/%	0	—	—	49.9	34.7	0	0	11

续表

序号	性质/信息	H_2 氢气	CH_4 83%～99%；C_2H_6 1%～13% 压缩天然气(CNG)	C_3 液化气体 丙烷	CH_3OH 甲醇	C_2H_5OH 乙醇	C_4～C_{12} 汽油	C_8～C_{25} 柴油	B100 C_{12}～C_{22} 生物柴油
		1	2	3	4	5	6	7	8
16	冻结点温度/℉	−435	−296	−305.8	−143.5	−173.2	−40	−40 ～ −30	26～66
17	比重 (60 ℉/60 ℉)	0.07	0.424	0.508	0.796	0.794	0.72～0.78	0.85	0.88
18	密度 60 ℉ /(lb/gal)	—	1.07	4.22	6.63	6.61	6.0～6.5	6.7～7.4 7.079	7.328
19	黏度 −4 ℉ (cp/mm^2/s)	—	—	—	1.15 1.345	2.84 3.435	0.6～0.77 0.8～1.0	9.7～17.6 9.0～24.0	—
	黏度 68 ℉ (cp/mm^2/s)	—	—	—	0.59 0.74	1.19 1.50	0.37～0.44 0.5～0.6	2.6～4.1 2.8～5.0	—
	黏度 104 ℉ /(cp/mm^2/s)	—	—	—	—	—	—	1.3～4.1	4.0～6.0
20	比热 /(C_p,Btu/lb-℉)	—	—	—	0.6	0.57	0.48	0.43	—
21	热导率 /(Btu/hr-ft-℉)	0.097	0.17	0.075	0.12	0.099	0.087	0.081～0.087	0.09～0.12
22	热体积膨胀系数 (60 ℉,1 atm)	—	—	—	0.00067	0.00062	0.00067	0.00046	—

续表

序号	性质/信息		H_2 氢气	CH_4 83%~99%；C_2H_6 1%~13% 压缩天然气(CNG)	C_3 液化气体 丙烷	CH_3OH 甲醇	C_2H_5OH 乙醇	C_4~C_{12} 汽油	C_8~C_{25} 柴油	B100 C_{12}~C_{22} 生物柴油
			1	2	3	4	5	6	7	8
23	电导率（整洁或不含添加剂）		—	—	—	4.4×10^7 μS/m	1.35×10^5 μS/m	25 μS/m	5 μS/m	—
	工业用途		—	—	—	30 μS/m	—	—	—	—
	燃料规格		—	—	—	<1000 μS/m	<500 μS/m	—	<250 μS/m	—
24	蒸发的潜在热	Btu/gal，60 ℉	—	—	775	3340	2378	≈900	≈710	—
		Btu/lb，60 ℉	192.1	219	193.1	506	396	≈150	≈100	—
25	加热值	低热值/(Btu/gal)，60 ℉	—	—	84250	56800 57250	76000 76330	109000~119000 116090	126000~130800 128450	119,550
		低热值/(Btu/lb)	52217	20263	19900	8570 8637	11500 11585	18000~19000 18676	18000~19000 18394	16,131
		高热值/(Btu/gal)	—	—	91420	65200	84530	124340	137380	127960
		高热值/(Btu/lb)	59806	22449	21594	9750 9837	12800 12830	18800~20400 20004	19200~20000 19673	17266
26	燃烧热/(Btu/lb)		60000 61000	23000	21500 21000	9900 9378	12900~12000 12764	20000	20700 19300	≈18,145

续表

序号	性质/信息	H_2 氢气 1	CH_4 83%～99%； C_2H_6 1%～13% 压缩天然气(CNG) 2	C_3 液化气体 丙烷 3	CH_3OH 甲醇 4	C_2H_5OH 乙醇 5	C_4～C_{12} 汽油 6	C_8～C_{25} 柴油 7	B100 C_{12}～C_{22} 生物柴油 8
27	平衡蒸气压力 雷德蒸气压 /psi，100 ℉	—	2400	208	4.6	2.3	8～15	<0.2	<0.04
	真实蒸气压 /mm Hg，68 ℉	—	—	6257.7	92 104	43	258～775 (@100 ℉)	0.4	—
28	沸点温度 /℉	-423	-263.2～126.4	-44	149	172	80～437	356～644	599～662
29	70 ℉水溶性（体积分数）/%：水中燃料	—	微不足道	微不足道	100	100	微不足道	微不足道	—
	70 ℉水溶性（体积分数）/%：燃料中的水分	—	—	—	100	100	微不足道	微不足道	—
30	蒸气比热 /(Btu/lb/ ℉)	3.42	0.59	0.39	0.38	0.45	0.38	—	—
31	蒸气比重 (68 ℉，14.7 psia)	0.0696	0.5537	1.5219	—	—	—	—	—
32	蒸气密度 (空气=1)	0.07	0.55～0.69	1.5	1.1	1.6	3～4	>3	—

续表

序号	性质/信息		H_2 氢气	CH_4 83%～99%；C_2H_6 1%～13% 压缩天然气(CNG)	C_3 液化气体 丙烷	CH_3OH 甲醇	C_2H_5OH 乙醇	C_4～C_{12} 汽油	C_8～C_{25} 柴油	B100 C_{12}～C_{22} 生物柴油
			1	2	3	4	5	6	7	8
33	蒸气燃烧热低热值/(Btu/lb),60 ℉		—	—	—	9080	11900	19000～19300	—	—
34	闪点温度	闭口/℉	—	−300	−156	52	55	−45	140～176	212～338
		开口/℉	—	—	—	—	—	—	—	—
35	自燃温度/℉		932	900～1170	842	867	793	495	≈600	—
36	易燃性限值(体积分数)/%	下限	4.1	5.3	2.2	7.3	4.3	1.4	1.0	—
		上限	74	15.0	9.5	36.0	19.0	7.6	6.0	—
37	易燃性范围(按差异计算，体积分数)/%		69.9	9.7	7.3	28.7	14.7	6.2	5	—
38	化学计量空气/燃料比(质量分数)/%		34.3	17.2	15.7	6.45	9.00	14.7	14.7	13.8

续表

序号	性质/信息	H_2 氢气	CH_4 83%～99%；C_2H_6 1%～13% 压缩天然气(CNG)	C_3 液化气体 丙烷	CH_3OH 甲醇	C_2H_5OH 乙醇	C_4～C_{12} 汽油	C_8～C_{25} 柴油	B100 C_{12}～C_{22} 生物柴油
		1	2	3	4	5	6	7	8
39	蒸发化学计量混合物中的燃料(体积分数)/%	—	—	—	12.3	6.5	2.0	—	—
40	化学计量火焰速度/(ft/s)	10.63～14.44	1.48	1.48	1.41	—	1.12	—	—
41	最低点火能量/mJ	0.017	0.30	0.26	0.14	—	0.29	0.23	—
42	绝热火焰温度/°F	3807	3542	3610	3470	3281	3525	—	—
43	火焰温度/°F	3722	3542	3497	3398	3488	3686	—	—
44	质量燃烧率/(Ib/ft^2)	—	—	—	0.083	—	0.27	0.22	—

资料来源：国际甲醇网。

附录三 液态阳光的主要应用

液态阳光的主要应用如图 F3-1 所示。

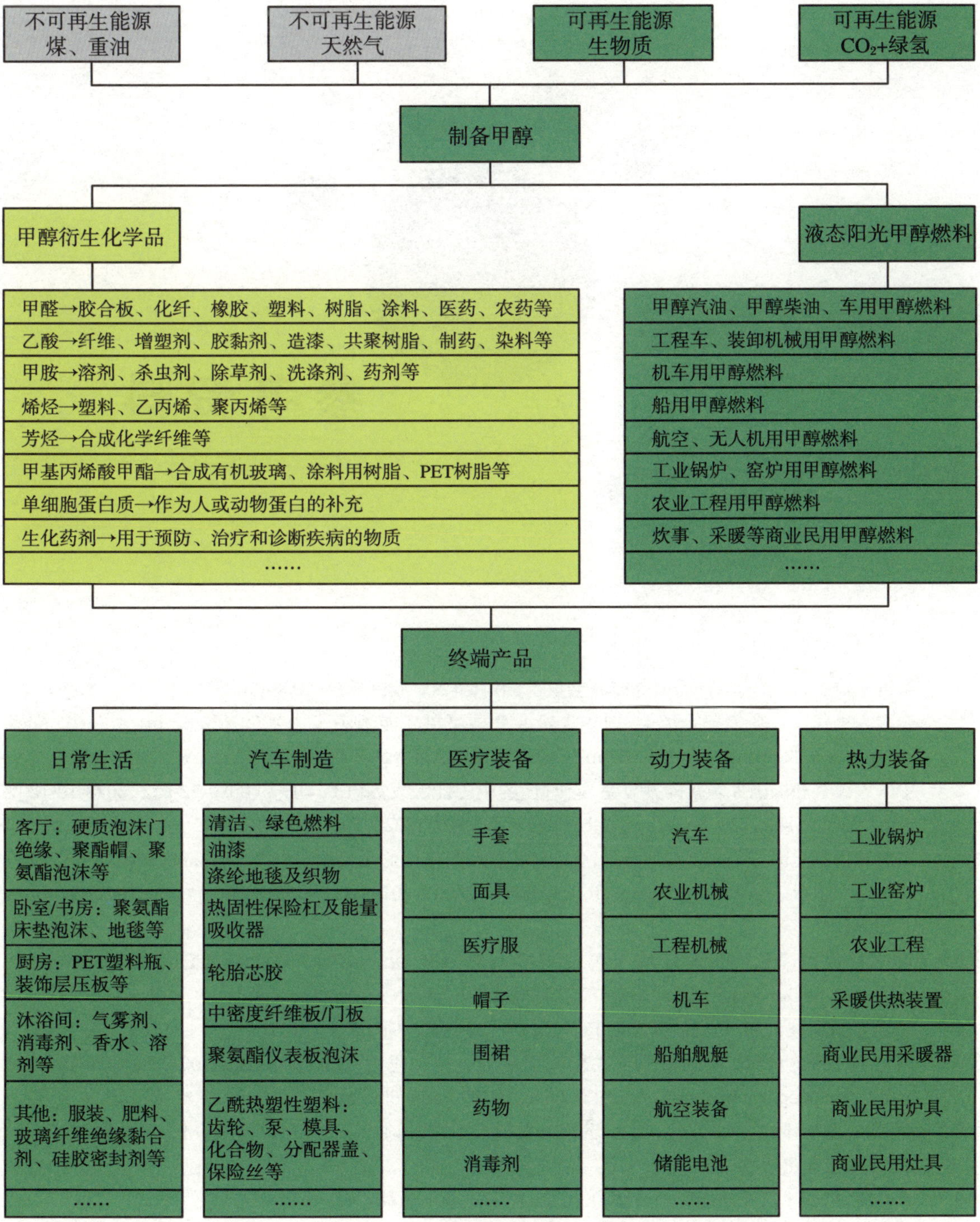

图 F3-1　液态阳光的主要应用

参考资料

[1] 习近平.在沙特吉达举行的国际能源会议上的讲话[N].人民日报,2008-06-23(3).

[2] 全国人民代表大会常务委员会.中华人民共和国可再生能源法[Z].2009-12-26. https://flk.npc.gov.cn/detail2.html? MmM5MDlmZGQ2NzhiZjE3OTAxNjc4YmY3MDhhNjA1NzM.

[3] 中华人民共和国国务院新闻办公室.新时代的中国能源发展[EB/OL].(2020-12-21)[2023-10-12]. http://www.scio.gov.cn/zfbps/ndhf/2020n/202207/t20220704_130663.html.

[4] 工业和信息化部,等.关于在部分地区开展甲醇汽车应用的指导意见[EB/OL].(2019-03-19)[2023-10-12]. https://www.miit.gov.cn/jgsj/jns/wjfb/art/2019/art_863c0b5346cf4ff49c19429c30f554c9.html.

[5] 李书福提倡净化网约车环境　再推甲醇汽车[EB/OL].(2018-03-03)[2023-10-12]. https://baijiahao.baidu.com/s? id=1593877575820045591&wfr=spider&for=pc.

[6] 20年坚持科技创新　发展"液态阳光"经济[N].中国科学报,2020-10-16.

[7] 汤龙.全国政协委员李灿:鼓励液态阳光甲醇的生产和应用[EB/OL].(2021-03-05)[2023-10-12]. http://ln.people.com.cn/n2/2021/0305/c378489-34606655.html.

[8] 乔治 A.奥拉,阿兰·戈佩特,G.K.苏耶·普拉卡西.跨越油气时代:甲醇经济[M].胡金波,等译.北京:化学工业出版社,2007.

[9] 冯向法.甲醇·氨和新能源经济[M].北京:化学工业出版社,2010.

[10] 冯向法.甲醇经济[M].北京:化学工业出版社,2014.

[11] 冯向法,钱奕舟.醇基清洁燃料[M].北京:化学工业出版社,2019.

[12] 吴乐斌."液态阳光"将在神州大地普照[N].中国科学报,2019-07-01(7).

[13] 兰州新区千吨级"液态太阳燃料合成示范项目"通过科技成果鉴定[N].兰州晚报,2020-10-16(A7).

[14] 李灿. 可再生能源规模化储能　绿色氢能和液态阳光甲醇[C]. 2020 年中国电机工程学会年会. 2020-11-11.

[15] 格雷戈里·多兰,赵凯. 甲醇燃料在全球复兴[J]. 中国石化,2019(12):32-34.

[16] 李琼玖,杜世权,廖宗富,等. 建国 60 年合成氨尿素工业发展历程与展望[J]. 化肥设计,2009(2):1-6.

[17] 吴志红. 全国工商联今年团体提案紧密服务"十四五"开局和经济社会发展[N]. 人民政协报,2021-03-02(02).

[18] 郑阳. 全国政协委员李灿:绿色氢能和液态阳光甲醇将成为完成碳中和目标的主要路径[EB/OL]. (2021-03-10)[2023-12-26]. https://baijiahao.baidu.com/s?id=1693761090097138793&wfr=spider&for=pc.

[19] 工业和信息化部. "十四五"工业绿色发展规划[EB/OL]. (2021-11-15)[2023-12-26]. https://www.miit.gov.cn/jgsj/ghs/zlygh/art/2022/art_dd7cf9f916174a8bbb7839ad654a84ce.html.

[20] 工业和信息化部,等. 关于加快内河船舶绿色智能发展的实施意见[EB/OL]. (2022-09-28)[2023-12-26]. https://www.miit.gov.cn/zwgk/zcwj/wjfb/yj/art/2022/art_bee1cae3eb6d4efcaf48ad13cd08fb3b.html.

[21] 国家发展改革委,商务部. 鼓励外商投资产业目录(2022 年版)[EB/OL]. (2022-10-26)[2023-12-26]. https://zfxxgk.ndrc.gov.cn/web/iteminfo.jsp?id=19009.

[22] 沈建跃. 大变革:甲醇能源时代[M]. 北京:新华出版社,2018.

[23] 中华人民共和国国家质量监督检验检疫总局,中国国家标准化管理委员会. 工业用甲醇:GB 338—2011[S].

[24] 中华人民共和国国家质量监督检验检疫总局,中国国家标准化管理委员会. 车用燃料甲醇:GB/T 23510—2009[S].

[25] 国家市场监督管理总局,国家标准化管理委员会. 车用甲醇汽油(M85):GB/T 23799—2021[S].

[26] 国家技术监督局. 醇基液体燃料:GB 16663—1996[S].

[27] 中华人民共和国农业部. 醇基民用燃料:NY 311—1997[S].

[28] 中国农村能源行业协会. 民用醇基液体燃料安全技术规范:T/CAREI 001—2021[S].

[29] 国家能源局. 农用醇醚柴油燃料:NB/T 34013—2013[S].

[30] 中国能源研究会. 工业用改性甲醇燃料:T/CERS 0001—2022[S].

[31] 中国能源研究会. 民用改性甲醇燃料:T/CERS 0002—2022[S].

[32] 中国能源研究会. 点燃式发动机用改性甲醇燃料:T/CERS 0003—2022[S].

[33] 中国能源研究会. 压燃式发动机用改性甲醇燃料:T/CERS 0004—2022[S].

[34] 吉林省市场监督管理厅. 餐饮用醇基液体燃料安全使用技术规范:DB 22/T 3409—2022[S].

[35] 河北省市场监督管理局. 农村民用醇基燃料清洁取暖、炊事通用技术要求:DB 13/T 5053—2019[S].

[36] 湖南省市场监督管理局. 餐饮用醇基液体燃料使用安全规程:DB 43/T 1781—2020[S].

[37] 广东省安全生产协会. 醇基液体燃料使用安全技术规范:T/GDPAWS 10—2022[S].

[38] 贵州省安全生产协会. 贵州省醇基液体燃料应用安全技术规程:T/GZWSA C01—2022[S].

[39] 技术成熟优势多,专家建议加大甲醇燃料推广力度[EB/OL]. 液态阳光①,2022-09-20.

[40] 刘科:甲醇在线制氢破解氢能"痛点"[EB/OL]. 液态阳光,2021-05-19.

[41] 刘科:甲醇是储氢最好的载体[EB/OL]. 液态阳光,2022-06-22.

[42] 液态阳光甲醇经济[EB/OL]. 液态阳光,2021-05-23.

[43] 刘科院士:我们需要着眼全局看待碳中和[EB/OL]. 液态阳光,2021-09-16.

① 液态阳光为公众号名称。

[44] 煤炭开采行业深度报告：能源大通胀下煤制甲醇迎来新机[EB/OL]. 液态阳光，2022-06-18.

[45] 全球首套千吨级二氧化碳加氢制汽油示范装置开车成功并通过科技成果评价[EB/OL]. 液态阳光，2022-04-16.

[46] 二氧化碳催化加氢制甲醇的研究进展[EB/OL]. 液态阳光，2022-04-26.

[47] 浅述"液态阳光"的国内外发展现状[EB/OL]. 液态阳光，2021-05-26.

[48] 风光电可再生能源制绿氢合成甲醇项目落地鄂托克旗[EB/OL]. 液态阳光，2022-08-13.

[49] 光伏制氢技术全解[EB/OL]. 液态阳光，2022-09-120.

[50] 液态太阳燃料技术入选 2022 年度 IUPAC 化学领域十大新兴技术[EB/OL]. 液态阳光，2022-11-30.

[51] 李灿院士：首位被 ACS Catalysis 专论文章报道的华人科学家[EB/OL]. 液态阳光，2022-03-16.

[52] 中煤集团与大化所签署"绿色氢能与液态阳光"合作[EB/OL]. 液态阳光，2022-04-28.

[53] 李灿院士：道法自然，液态阳光有望实现能源自立[EB/OL]. 液态阳光，2022-03-10.

[54] 合肥德博与马士基集团携手推进绿色甲醇产业化[EB/OL]. 液态阳光，2022-08-24.

[55] 李振国："光伏＋"绿氢是深度脱碳的关键，成本亟待再降[EB/OL]. 液态阳光，2022-08-26.

[56] 以甲醇产业为抓手 引领"农工商＋金融"融合创新行动[EB/OL]. 液态阳光，2022-10-18.

[57] 盘点甲醇的应用[EB/OL]. 液态阳光，2021-05-12.

[58] CO_2制甲醇、煤制甲醇都有新项目投产，相关技术解析[EB/OL]. 液态阳光，2022-10-02.

[59] 李琼玖，潞澄华，顾子樵，等. 甲醇化工与碳：化学品生产工艺技术综述[J]. 化肥设计，2003，41(5)：5-11.

[60] 李琼玖，杜世权，廖宗富，等. 煤制油与煤气化制甲醇技术的比较与选择[J]. 中外能源，2009(7)：26-29.

[61] 孙伟川. 别误解了甲醇燃料[EB/OL]. (2020-01-19)[2023-12-26]. http://auto.people.com.cn/n1/2020/0119/c1005-31554880.html.

[62] 魏安力. 甲醇汽车及甲醇燃料推广应用的几点思考[EB/OL]. (2019-08-09)[2023-12-26]. http://auto.people.com.cn/n1/2019/0809/c1005-31284942.html.

[63] 姜智文. 新能源多元化大势所趋　何光远：发展甲醇时机成熟[EB/OL]. (2019-10-15)[2023-12-26]. http://m.people.cn/n4/2019/1015/c175-13285590.html.

[64] 李琼玖，申同贺，孟仲林，等. 中国发展煤炭清洁转化制甲醇是替代石油能源的最佳选择[J]. 中外能源，2006(4)：1-8.

[65] 孙公权. 甲醇燃料电池研究开发进展[R/OL]//2020 联合国开发计划署氢能产业大会. (2020-10-22)[2021-08-13]. https://www.zkjhmfc.com/news/260.html.

[66] 物流信息国家工程实验室推全球首款直接甲醇燃料电池物流车[EB/OL]. (2019-09-11)[2023-12-26]. https://www.xianjichina.com/special/detail_418385.html.

[67] 中国科学院长春应用化学研究所. 我所牵头的 863 主题项目"先进燃料电池发电技术"及课题"高性能移动式直接甲醇燃料电池长时发电系统"通过验收[EB/OL]. (2016-02-29)[2023-12-26]. http://ciac.cas.cn/xwdt/kyjz/202011/t20201120_5759258.html.

[68] 大连化学物理研究所. "甲醇燃料电池系列"项目通过验收[EB/OL]. (2017-12-29)[2023-12-26]. http://www.syb.ac.cn/ydhz/kjdt/201801/t20180102_4925383.html.

[69] 大连化学物理研究所. 大连化物所研制的直接甲醇燃料电池电源系统驱动垂直起降无人机成功试飞. [EB/OL]. (2019-12-17)[2023-12-26]. https://www.cas.cn/syky/201912/t20191216_4727688.shtml.

[70] 苏州纳米技术与纳米仿生研究所. 苏州纳米所制备出自呼吸式直接甲醇燃料电池[EB/OL]. (2022-03-01)[2023-12-26]. https://www.cas.cn/syky/202202/t20220211_4825076.shtml.

[71] 甲醇重整燃料电池汽车是创新还是对氢能源的阻碍？[EB/OL].(2019-09-02)[2023-12-26]. https://chejiahao.autohome.com.cn/info/4574117#pvareaid=28086821202.

[72] 绿色甲醇最具潜力下游应用之一：重整制氢燃料电池[EB/OL].(2022-01-27)[2023-12-26]. https://www.sohu.com/a/519436429_121123885.

[73] 同绘碳中和：中科嘉鸿携高温甲醇燃料电池技术成果亮相2021UNDP氢能产业大会[EB/OL].(2021-12-24)[2023-12-26]. https://www.sohu.com/a/511253723_121290255.

[74] 首艘高温甲醇燃料电池动力船"嘉鸿01"首航[EB/OL].(2021-11-10)[2023-12-26]. https://news.sciencenet.cn/htmlnews/2021/11/468801.shtm.

[75] 渠沛然.甲醇汽车期待加入"新能源"家族[N].中国能源报,2022-06-27.

[76] 中车戚墅堰公司甲醇-柴油双燃料发动机试验成功[EB/OL].(2018-12-18)[2023-12-26]. https://www.crrcgc.cc/qsy/2018-12/18/article_AF72A4A3F89348B6A58C8DAD19489E22.html.

[77] 江龙船艇：国内首艘自主研发甲醇动力船的诞生[EB/OL].(2020-03-19)[2023-12-26]. https://www.jianglong.cn/cn/news-n501.html.

[78] 我国建造首艘甲醇双燃料船交付[EB/OL].行业动态,2022-06-24.

[79] 甲醇燃料热力领域的宝藏清洁能源[EB/OL].液态阳光,2022-10-29.

[80] 魏安力.专家讲堂：甲醇燃料热力燃烧应用拓展了甲醇汽车更加广阔的消费市场[EB/OL].(2021-07-20)[2023-12-26]. http://www.cnautonews.com/yaowen/2021/07/20/detail_20210720345511.html.

[81] 黄震院士：可再生零碳合成燃料技术[EB/OL].液态阳光,2022-06-17.

[82] 光伏制氢+耦合煤制百万吨甲醇零碳排放项目签署合作协议[J].煤化工,2020(5):44.

[83] 栾传宝,王介.煤和生物质制甲醇的生命周期评价[J].广东化工,2021,48(14):18-19.

[84] 阴秀丽,常杰,汪俊锋,等.生物质气化制甲醇的关键技术和可行性分析[EB/OL].(2015-09-06)[2023-12-26]. http://www.china-nengyuan.com/tech/82468.html.

[85] 李灿委员：液态阳光甲醇助力交通运输领域实现碳中和[EB/OL].(2022-03-08)[2023-12-26]. https://news.sciencenet.cn/htmlnews/2022/3/475279.shtm.

[86] 贯彻国家能源战略,发展液态阳光经济[EB/OL].(2019-10-16)[2023-12-26]. https://baijiahao.baidu.com/s? id=1647508082761611390&wfr=spider&for=pc.

[87] 关于"水氢机"引领能源新时代的思考[EB/OL].(2017-12-20)[2023-12-26]. https://www.sohu.com/a/211641074_450807.

[88] 水氢机："液态阳光经济"的智能装备[EB/OL].(2018-03-24)[2023-12-26]. https://www.sohu.com/a/226284232_431094.

[89] 水氢路径是氢能与燃料电池发展的新思路[EB/OL].(2019-12-16)[2023-12-26]. https://www.ofweek.com/hydrogen/2019-12/ART-180800-8900-30421752.html.

[90] 德国甲醇燃料电池超跑面市,国内类似技术现状如何？[EB/OL].(2020-05-25)[2023-12-26]. https://auto.gasgoo.com/a/70182786.html.

[91] 全国首个液态阳光制氢、加氢一体化示范项目落成剪彩.[EB/OL].(2021-10-22)[2023-12-26]. https://h2.in-en.com/html/h2-2408927.shtml.

[92] Shih C F, Zhang T, Li J H, et al. Powering the Future with Liquid Sunshine[J]. Joule, 2018, 2(10): 1925-1949.

[93] 能源消费革命专题会顺利召开[EB/OL].(2022-12-02)[2023-12-26]. http://www.guotongjt.com/index.php/guotong/info? id=192.

[94] 丛书编写组.建设现代能源体系[M].北京：中国计划出版社,2021.

[95] 加强二氧化碳捕集与利用助力实现“双碳”目标[EB/OL].(2021-06-04)[2023-12-26]. https://baijiahao.baidu.com/s? id=1701636122260935571&wfr=spider&for=pc.

[96] 渠沛然.船用甲醇燃料渐获青睐[N].中国能源报，2022-12-26.

[97] 关于进一步推进车用甲醇汽油产业化示范工程扩大试点城市工作方案的通知[EB/OL].(2004-06-14)[2023-12-26]. http://www.shanxi.gov.cn/zfxxgk/zfxxgkzl/fdzdgknr/lzyj/szfbgtwj/202205/t20220513_5976789_slb.shtml.

[98] 关于全省全甲醇(M100)汽车推广及部分城市甲醇汽油(M15)封闭运作的通知[EB/OL].(2005-07-29)[2023-12-26]. http://www.shanxi.gov.cn/zfxxgk/zfxxgkzl/fdzdgknr/lzyj/szfbgtwj/202205/t20220513_5976873.shtml.

[99] 上海市甲醇汽车试点工作通过专家验收[EB/OL].(2017-09-29)[2023-12-26]. https://www.miit.gov.cn/jgsj/jns/zhlyh/art/2020/art_276f35cc53b04053be6997307384b151.html.

[100] 甘肃省甲醇汽车试点通过专家验收[EB/OL].(2017-12-05)[2023-12-26]. https://www.miit.gov.cn/jgsj/jns/gzdt/art/2020/art_ca4fb19479ce4038892eaade4acf9c3e.html.

[101] 陕西省汉中市甲醇汽车试点通过专家验收[EB/OL].(2018-02-08)[2023-12-26]. https://www.miit.gov.cn/jgsj/jns/zhlyh/art/2020/art_986bc8f82b134e1a8df880dac2e25e67.html.

[102] 白秀军.甲醇汽车的应用技术及发展趋势分析[J].新能源汽车，2021，46(13)[2023-12-26]:19-22.

[103] 电解水制氢经济性难题怎么解？[EB/OL].(2020-10-28)[2023-12-26]. https://baijiahao.baidu.com/s? id=1681775021470306595&wfr=spider&for=pc.

[104] 亚运史上首次用绿色甲醇作为火炬燃料　浙大院士实现了新型燃料应用[EB/OL].(2023-09-23)[2023-12-26]. https://tidenews.com.cn/news.html? id=2589270&source=1.

[105] 孟广耀.研发陶瓷膜燃料电池(CMFC)大有可为[J].电池，2002，32(3):142-145.

[106] 孟广耀.新能源路线与无机膜技术[J].膜科学与技术，2009，29(4):1-10.

[107] 孟广耀，彭定坤.材料化学在中国科学技术大学：学科发展与研究实践[M].合肥：中国科学技术大学出版社，2011.

[108] 谢克昌，李忠.甲醇及其衍生物[M].北京：化学工业出版社，2002.

[109] 李峰.甲醇及其下游产品[M].北京：化学工业出版社，2008.

[110] 谢克昌，房鼎业.甲醇工艺学[M].北京：化学工业出版社，2010.

[111] 赵忠尧，张军.甲醇生产工业[M].北京：化学工业出版社，2013.

[112] 李建锁.焦炉煤气制甲醇技术[M].3版.北京：化学工业出版社，2022.

[113] 王集杰，韩哲，陈思宇，等.太阳燃料甲醇合成[J].化工进展，2022，41(3):1309-1317.

[114] 施晶莹，李灿.太阳燃料：新一代绿色能源[J].科技导报，2020，38(23):39-48.

[115] 唐珊，汤驰洲，韩哲，等.液态阳光甲醇合成技术[J].化学反应工程与工艺，2023，39(05):461-469.

[116] 陈思宇，王集杰，李灿，等.氢能产业链的关键问题及对策建议[J].前瞻科技，2024，3(4):134-146.